建筑钢笔手绘

基础技法训练与写生提高教程

李国光　种道玉 ◎ 编著

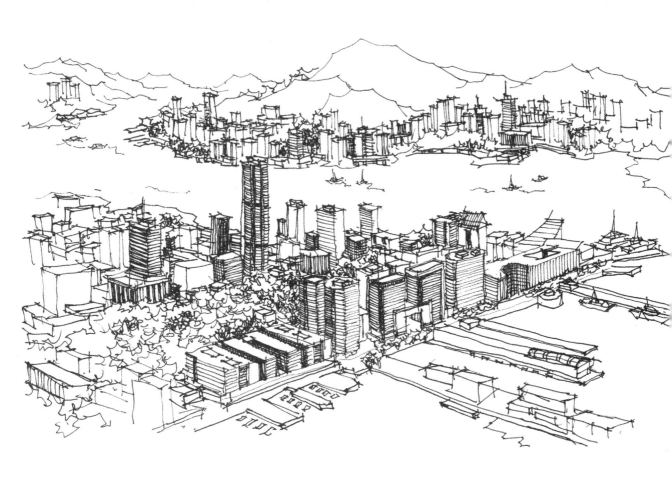

中国电力出版社

CHINA ELECTRIC POWER PRESS

内容提要

本书是按照建筑钢笔手绘教学训练的要求，把整体内容分为25讲，由浅入深、由基础理论到实践训练，形成完整详实、易于理解、便于实操的实训知识体系。基础技法主要包括线条技法、透视技法、画面构图技法、层次深化技法、配景训练技法（包括植物、人物、车辆、水面、地面、天空等）、建筑细节表达技法、建筑画面综合训练技法等，手绘写生创作包括现代建筑、民居建筑、欧式建筑、中式建筑、大型鸟瞰图等类型建筑与城市的创作训练。本书可作为建筑学、城市规划、环境艺术设计等专业师生教学参考教材，也可作为建筑钢笔手绘爱好者的学习临摹参考书，也可为广大美术爱好者欣赏参阅。

图书在版编目（CIP）数据

建筑钢笔手绘基础技法训练与写生提高教程／李国光，
种道玉编著. —北京：中国电力出版社，2016.1（2021.2重印）
ISBN 978-7-5123-8197-1

Ⅰ. ①建… Ⅱ. ①李… ②种… Ⅲ. ①建筑画－钢笔画－写
生画－绘画技法－教材 Ⅳ. ①TU204

中国版本图书馆CIP数据核字(2015)第209473号

中国电力出版社出版发行
北京市东城区北京站西街19号　　　100005　　http://www.cepp.sgcc.com.cn
责任编辑：胡堂亮　梁　瑶
责任印制：杨晓东　　　　　　　责任校对：常燕昆
北京盛通印刷股份有限公司印刷·各地新华书店经售
2016年1月第1版·2021年2月第3次印刷
787mm×1092mm 1/16·12.25印张·292千字
定价：56.00元

从手绘中 学习、感悟 建筑
思考、创造

米兰理工大学建筑学院 阮豪
RECS ARCHITECTS

心手合一，心手相印
浙江工业大学之江学院 曹志奎

回归建筑创作本源
中国中元国际工程有限公司 郭志强

娴熟的笔触描绘出对生活的热爱，深厚
的功力展现了对建筑的初心！

中航建发 郭会江

通往成功没有捷径，唯有不断的努力和坚持。国光飞是这样的人，
可以一直作为学习的榜样。愿你能在手绘建筑画的道路上越走越远！

中国建筑科学研究院 吕勇 2015.6.10.

前 言
Preface

    建筑钢笔手绘来源于对建筑美学的认知和理解，以硬笔墨线为表达语言，长期训练形成熟练自由的表达方式，专业设计人员如同书法写字般对其运用自如，艺术爱好者运用建筑钢笔手绘长期写生创作，行走在自己的艺术旅途中。建筑钢笔手绘强调以建筑学专业基础知识为根本，以建筑形体语言为训练要素，以对建筑构造知识的了解为依托，在全面深入理解建筑设计、建筑艺术、建筑文化、建筑空间美学的基础上，对建筑外貌形象进行提炼概括，形成线条构图反映在画面上，并用美术绘画的技法进行深化、美化，形成最终建筑钢笔画。

    建筑钢笔手绘的自我训练是一个长期坚持、不断突破自我的过程。需要经过理论与技法理解、临摹优秀作品、基础写生、创作写生等多个学习与训练过程，在每个阶段训练中需要有"量"的积累，每一个新高度的提升都建立在大量的训练基础之上，开始阶段"量"的积累是以临摹为主，临摹中全面汲取优秀作品的精华，并不断领悟常规性技法和个性的表达技巧，"悟到"和"练到"是每个阶段突破的关键，建筑钢笔手绘水平突破的每个阶段也符合常规定律，开始进步快，后面进步逐步放缓，在经历长时间训练、大批量画作积累之后才能达到一个更高的台阶。

    建筑钢笔手绘的自我训练同时也是一个不断突破自我心理的过程，需要有一个清晰的认知和稳定的心态。要认知到训练的规律，认知到技法的要领，认知到在作画困境时怎么跳出自我牢笼并用多种招数漂亮的完成画面，认知到汲取百家之长形成个性自我的成熟风格。稳定的心态包括忠于绘画的热心，只有热爱和喜欢，才能倾情地投入，不怕曲折和困难；还有持久的恒心，无论对错能把每幅图坚持画完，每次画完都能带来新的惊喜。如果你具备以上条件，不久你将成为设计手绘高手，或成为有个性的旅途绘画大师。

    建筑钢笔手绘基础技法主要包括线条技法、透视技法、画面构图技法、层次深化技法、配景训练技法（包括植物、人物、车辆、水面、地面、天空等）、建筑细节表达技法、建筑画面综合训练技法等。建筑技法的深入学习要建立在大量手绘训练基础上，用心感悟，用笔体验，手脑并用，从开始慢节奏的边思考边绘画，到达后来用感觉去描绘，看到心仪的景物总能拿出纸和笔我行我素、一气呵成。

    本书的内容体系是按照学习训练建筑钢笔手绘的步骤，把整个知识体系按照教学训练要求分为 25 讲，由浅入深、由理论到实践，由基础技法训练到写生创作训练逐步升级，形成完整、详实、

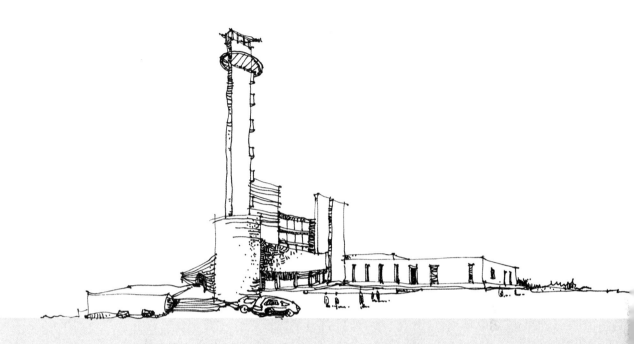

易于理解、便于实操的建筑钢笔手绘实训知识体系。书中没有长篇大论地叙述文字，而是从便于读者阅读和理解的角度，以比较少的、非常精要的文字来点明各部分的内容要点，书中配以大量的例图，以训练要点进行"图示说明"。全书内容紧凑，例图信息量较大，全面考虑了读者临摹学习的要求以及方便性。

　　本书为筑龙教育建筑钢笔手绘课程的同步教材（内含 7 讲免费网络课程，扫二维码即可在线学习），可作为建筑学、城市规划、环境艺术设计等专业师生教学参考教材，也可作为建筑钢笔手绘爱好者的学习临摹参考书，也可为广大美术爱好者欣赏参阅。限于笔者能力有限，书中若有不妥之处，望广大读者朋友给予指正，以便再版时修正。

李国光　柯正玉

2015 年夏于北京

建筑钢笔手绘技法训练内容架构

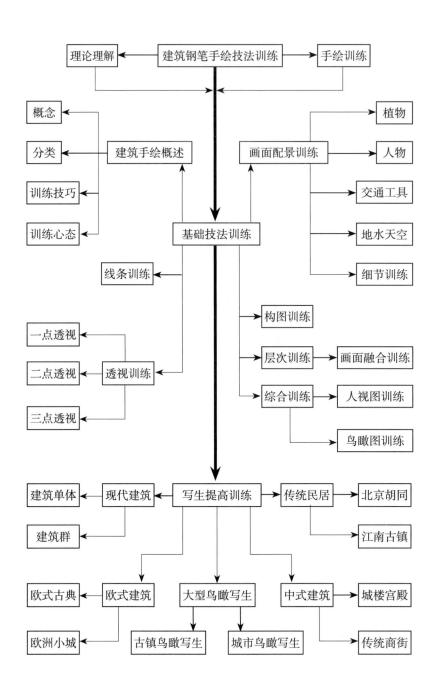

理论理解 ← 建筑钢笔手绘技法训练 → 手绘训练

概念 ← 建筑手绘概述
分类 ←
训练技巧 ←
训练心态 ←

画面配景训练 → 植物
→ 人物
→ 交通工具
→ 地水天空
→ 细节训练

基础技法训练

线条训练 ←

一点透视 ←
二点透视 ← 透视训练
三点透视 ←

构图训练
层次训练 → 画面融合训练
综合训练 → 人视图训练
→ 鸟瞰图训练

建筑单体 ← 现代建筑 ← 写生提高训练 → 传统民居 → 北京胡同
建筑群 ← → 江南古镇

欧式古典 ← 欧式建筑   大型鸟瞰写生   中式建筑 → 城楼宫殿
欧洲小城 ← 古镇鸟瞰写生   城市鸟瞰写生   → 传统商街

目 录 Contents

第二部分
建筑钢笔手绘写生提高训练

第一部分

建筑钢笔手绘
基础技法训练

第 **1** 讲　建筑钢笔手绘概述

一、训练目标

【**理解**】建筑钢笔画的特点和重要性。

【**掌握**】建筑钢笔画训练技巧和方法。

上海世博会俄罗斯馆，钢笔线条勾画轮廓，短线条刻画出建筑表皮纹理质感，线条疏密形成明暗，表达层次。

二、建筑钢笔手绘概念与特点

　　建筑钢笔手绘俗称建筑钢笔画，不是独立画种，与速写、素描密切相关。是设计师常用的表现工具，展示设计意图，记录设计成果。画面明快清晰，便于印刷传播，设计中广泛运用。绘画工具便于携带，表达快速简便，有大量创作群体。

　　大连某欧式别墅，钢笔线条的疏密排列表达暗面和投影面，强化画面层次和立体感。

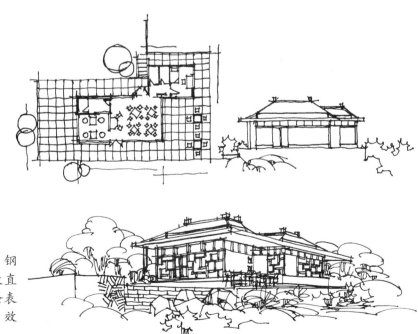

景区商店快题设计方案，钢笔手绘在快题设计中的最直接应用，简练的钢笔线条表达出建筑的平面、剖面、效果图，快速而形象。

三、绘画工具选择

笔：钢笔、签字笔、针管笔、一切黑色水性笔。

纸：普通白纸，速写素描纸。

圈装速写本是进行写生训练的很好选择，封底是硬纸板，便于外出携带随时可画，内部纸张有厚度和空隙，吸水性好，有弹性，笔触感好。

建筑钢笔手绘中常用的水性笔、钢笔、美工笔、签字笔等。

四、表现手法分类

绘画目标不同，表达重点不同，个人理解不同形成多样化的手绘类型。

1．线描式手绘：建筑线描和建筑白描。

北京胡同街区建筑立面手绘表达，形体错落，屋檐窗口、雨篷丰富画面，造型树点缀。

北京崇文门地区胡同，用线描勾画胡同空间，其中不少搭建的小房子和杂物的堆积，加上枯树，生活味道十足。

清华大学理学院教学楼，利用线描手法表达，注意透视和比例，适当突出重点。

2．素描式手绘：建筑钢笔画。

北京垂花门钢笔表现，阴影部位排线叠加变深表达光影感，显出建筑的层次。

桥屋写生，建筑、桥、水面都是按照明暗关系，用细碎短线排列叠加表现出光影层次和墙面材料质感，笔法自然细腻。

3. 快速式手绘：建筑速写。

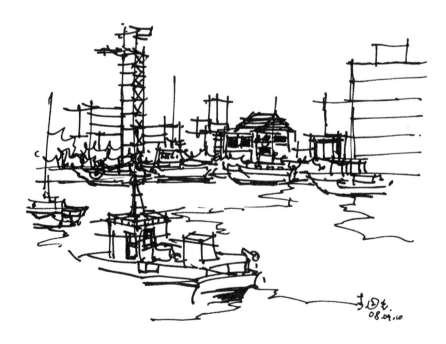

日本新泻海岸速写，只做简单的形体概括，对训练造型很有帮助，每幅三到五分钟。

路边小房子速写，电杆丰富了构图。

远处工地速写，建筑造型简单，门窗适当表达，塔吊充斥画面氛围，植物简略衬托画面。

4. 细致型手绘：钢笔效果图，借助工具表达。

建筑的细致表达方式，一般采用直尺辅助，建筑形体棱角分明，明暗表达准确，建筑墙面材料、地面与环境表现丰富细致，人物、树木都采用程式化方法，有时花费时间比刻画建筑还要长。

5. 个性化手绘：线条、构图、画面层次处理、细节深化方式等多样化。

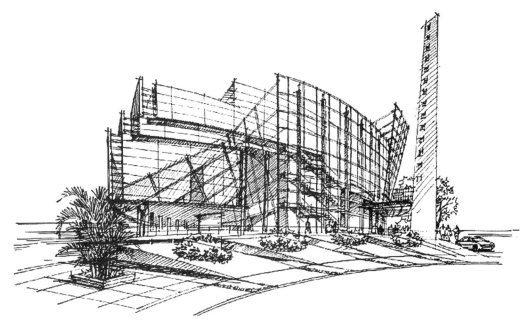

现代弧面建筑钢笔画，注重比例透视，线条弹性有力，白描基础上对阴影部位适当排线处理。

古镇街道，一种非常放松写意的表达方式，线条流畅，遵循基本的比例和透视规律，线条比较有艺术化的个性。

土耳其圣索菲亚大教堂，黑白版画式表现风格，非黑即白，中间调子不多。

水岸渔船集聚区，重点对渔船的杂乱生活状态速写，黑白深化，远处的城市轮廓线
做了概括的描写。

五、画面处理技巧

形体比例透视。

统一变化：对比手法。

层次变化：阴影与调子。

均衡稳定，韵律节奏，性格风格。

日本东京舱体大楼，线描手绘表达，讲究透视比例，注重韵律节奏。

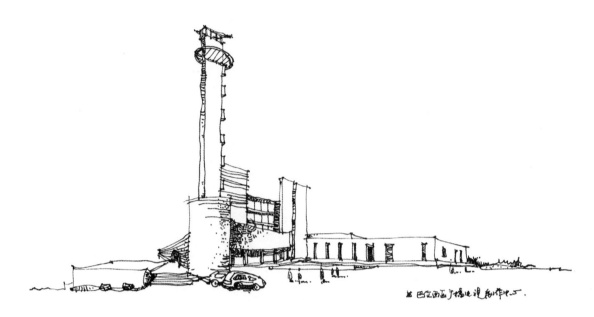

巴伦西亚广播电视制作中心速写。竖向高起的部分位于画面左 1/3 处，与低矮建筑的横向构图共同形成稳定感。

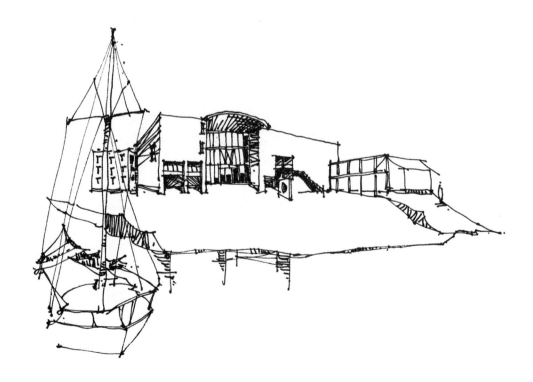

水岸景观速写，构图上的横竖对比，建筑构图是横向的，而船只加上船帆是竖向构图，从而形成对比。

某建筑主入口及台阶表达，通过深化入口后面树木层次，衬托主入口形成画面重点。

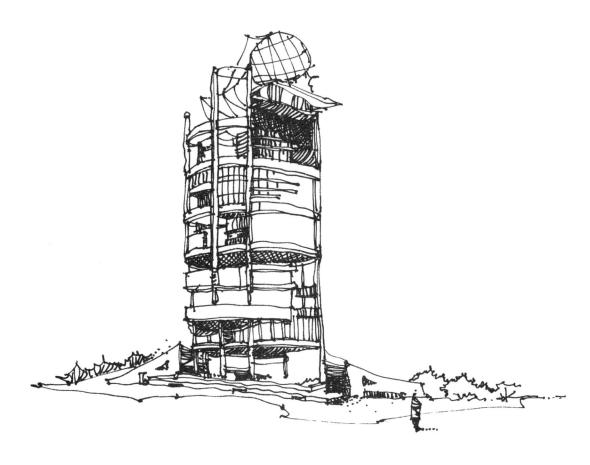

麦西尼亚商厦，非常有个性的手绘表达，线条随性而不随意，柔中带坚，利用局部排列密线手法深化层次，注重整体效果。

六、训练方法和心态

1．训练方法

临摹：大量临摹自己喜欢的作品，掌握它们的技巧方法。

写生：由易入难，写生中不断运用临摹的技法。

2．学习心态

不打草稿，敢于上手（由被动变为主动）；

坚持临摹，熟能生巧（无他，唯手熟尔）；

持之以恒，坚持画完（画完才是硬道理）；

忽略失误，将错就对（几根错线最终将被淹没）；

记忆默写，对路就用（大量篇幅是靠默写）；

理论理解，实践并行（双腿走道能远行）。

总之，只要有恒心和毅力，点滴持续画起，不断感悟，就能通向成功。

某建筑局部形体刻画，主要是采用墙面材质的质感对比和明暗对比，形成光滑和粗糙、反光（亮）和吸光（黑）的对比。

第2讲 钢笔线条训练

一、训练目标

【理解】钢笔线条的特点和重要性。

【掌握】钢笔线条训练技巧和方法。

结合比例、透视关系训练，准确表达建筑造型和空间感。

北京国际投资大厦钢笔表达，主要特点是竖向线条都垂直于视平线，线条排列均匀，疏密体现明暗，横向线条形成两点透视。

二、训练要点

拉线条，讲究整体平直，局部可抖动或弯曲。

线条拼接不要搭接，避免形成黑疙瘩，新旧线头可留缝隙。

线条排列尽量平行、均匀，不要交叉或重叠。

在两条平行线之间画尽量多的直线，训练控制能力和深化能力。

表达整体轮廓、立面分格、细部构造一般都用线条，可以结合黑点或黑面。

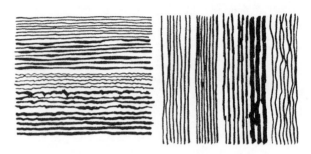

不同粗细、不同笔触的横竖钢笔线条训练。

北京·中国新兴大厦

新兴大厦钢笔表现，建筑主体主要以竖线条的疏密表达明暗和光影感，画面由折线表达的树木衬托。

建筑造型表现，水平向的线条既表现了建筑的明暗纹理，又体现了建筑的透视关系，天空用排列的竖线表达。

三、训练技巧

线条要求明确、肯定、不含糊、不可更改。

利用线条疏密表达空间明暗。

不同的设计师有不同的线条特点：线条风格有细腻或硬朗有弹性之分。

不同表达对象可用不同线条：建筑物宜用硬朗直线，植物配景宜用折线或曲线。

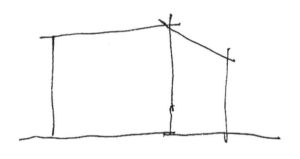

建筑体块轮廓表达训练。

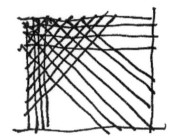

线条排列、叠加表达层次。

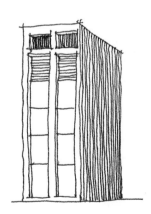

建筑体块立面层次、阴影竖线表达训练。

成组树木表达训练。

折线表达树木轮廓与层次训练。

四、现场训练

1. 建筑体块线条训练。

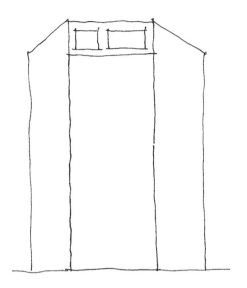

2. 建筑体块与透视线条训练。

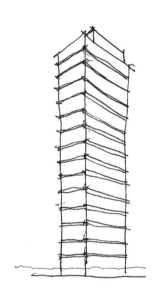

3. 线条综合训练。

体块构图，墙面机理刻画，重点部位深化，地面环境衬托表达。

五、课下临摹训练

按照上面讲述内容，理解并临摹以下作品两遍。

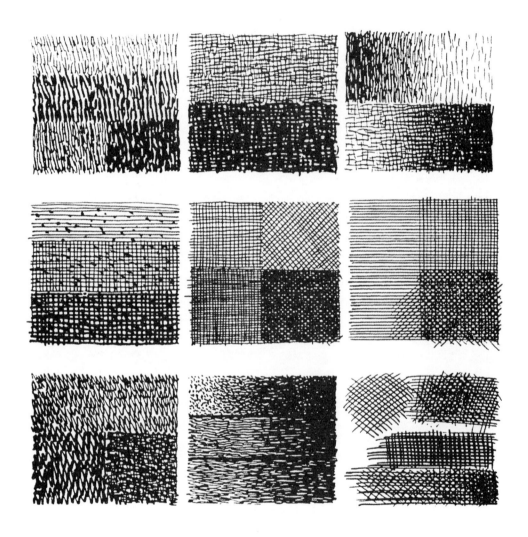

不同方向、不同笔触的钢笔线条训练、层次叠加训练、退晕表达训练。

大连星海湾高层住宅，由横线和竖线表现出建筑轮廓体块、分层、暗面阴影等，短线表达窗口、周
围建筑、车辆，曲线和折线表达远山和道路。

泰山南天门，建筑和台阶用直线表达，其他环境内容如树木和石块都是用短线、折线、曲
线表现。

第3讲 一点透视训练

一、训练目标

【理解】一点透视规律。

【掌握】一点透视场景画法。

北京市建筑设计研究院大门，利用一点透视构图，表达院内外的建筑空间，院内建筑适当用线条加密以衬托层次。

二、训练要点

1. 目标选择

绘画一个或多个方块形体建筑物，多个建筑物要相互平行。

画面应平行于建筑物的一个立面。

视点中心及周围内容丰富，层次明确。

2. 绘画要求

紧紧抓住视点中心，所有纵深方向的线（垂直于画面的线）都向视点中心消失。

所有平行于画面的线（主要为水平、竖直的线）严格按照水平和竖直画好。

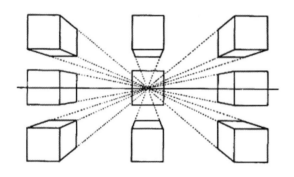

视点位于中心，立方体在上下左右各个位置时看到的一点透视效果。

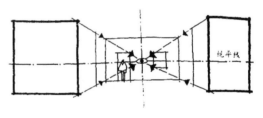

视点在两个体块中间，体块垂直于画面的线（纵深线）向视点消失。

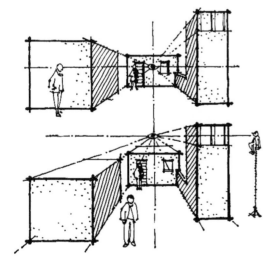

视平线和视点抬高后透视规律不变：竖线竖直，横线平直，纵深线的延长线相交于视点。

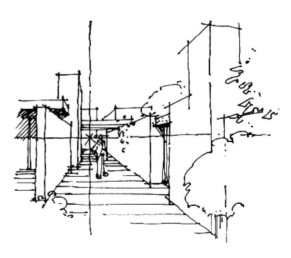

一点透视实际写生构图规律：竖线竖直，横线平直，纵深线的延长线相交于视点。

运用一点透视规律，现代小型建筑手绘，门窗口线条深化增加层次感。

三、训练技巧

　　绘图过程不断关注视平面，因为视平面的高低关系到人体尺度。视平面不要抬高，可以略低些，显得建筑物挺拔高大。

　　所有非垂直、非平行于画面的线条，要弱化表达，以免干扰画面的美感、纯粹感。

小房子的一点透视表达，下部为水面，注意所有纵向线条向中心点消失。

四、现场训练

办公楼一点透视训练。

训练中注意：先体块构图，注意透视和比例；再立面深化纹理，横竖线条较多；最后环境配景，多临摹一些用到此画面中。

五、课下临摹训练

按照上面讲述内容，理解并临摹以下作品两遍。

高低体块组合建筑的一点透视表达。

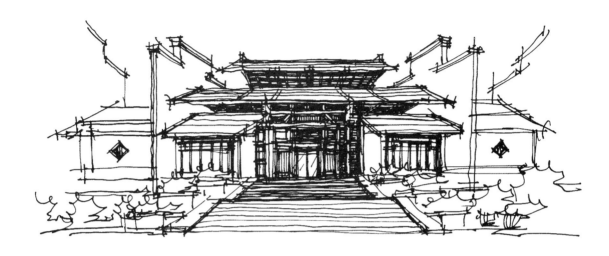

某纪念馆主入口一点透视手绘，屋顶和门口重点强调。

欧洲古街写生。整体运用一点透视规律，局部细节
按照比例和方位感画出。

瞻滩老街写生。由于街道是转弯的，用不断变化方向的一点透视来构图。

第4讲 二点透视训练

一、训练目标

【理解】二点透视规律。

【掌握】二点透视场景画法。

利用两点透视，掌握好虚实体块之间的比例，画出建筑物的现代挺拔感。

二、训练要点

1. 目标选择

　　适合于一个或多个方块形体建筑物，多个要相互平行。画面不能平行于建筑物立面，与最近的建筑物成一定角度，近处建筑物挺拔，较远建筑透视角度小，体量感较弱。视点中心及周围内容丰富，形体关系层次明确。

2. 绘画要求

　　重点关注视平线和左右两侧的两个消失点，左右消失点不要均衡，主立面消失点远一些，次立面消失点要近。紧紧抓住左右消失点，主次立面消失点分别向两侧消失。所有竖向的线（都平行于画面）严格按竖直方向画好。

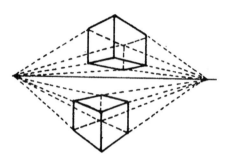

体块在视平线上下位置，不同的两点透视效果。

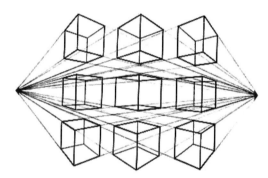

视平线在中间，视点在中心，体块围绕视点一圈，在各个位置的二点透视效果。

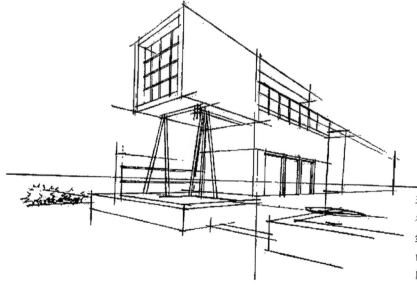

现代小建筑二点透视构图规律：竖线竖直，横线分为两组，向左消失和向右消失，向同一点消失的线在实际空间中是平行的。

立体盒子建筑，两点透视，首层架空。

消失点　　　　　　　　视平线　　　　　　消失点

无论建筑物多么复杂，打稿构图时大的体块要严格遵循视平线、消失点的透视规律。画门窗分格线始终要关注着透视方向，抓住规律，最后完成效果才能合理美观。

三、训练技巧

　　人视效果图，视平面可以略低，建筑物挺拔高大，重点立面和视点中心周围表达细致些，其他概括表达形成层次美感。

　　用二点透视画鸟瞰图，视平线抬高至建筑物上边，左右消失点方法不变，所有竖线依旧竖直方向。

两点透视的小建筑手绘训练，透视角度大，立面竖向机理较多。

两点透视的小建筑手绘训练，注意立面开窗变化。

两点透视鸟瞰图，竖线
竖直，横线向两侧消
失，注意环境对建筑的
衬托。

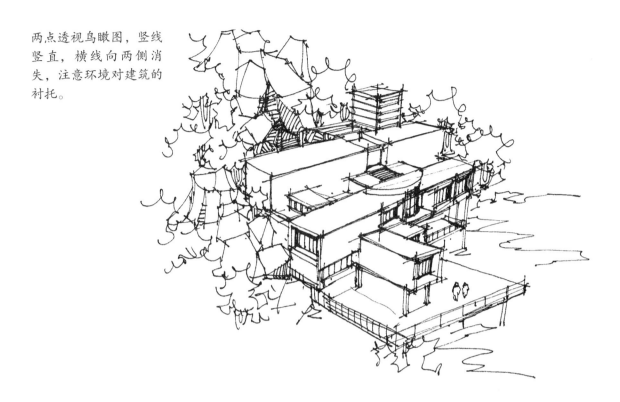

四、现场训练

教学楼两点透视训练。

训练步骤：1. 形体构图，注意向右消失点很远，向左消失点很近；2. 立面深化，门窗分格细化，首层入口深化；3. 树木环境和地面衬托建筑。

五、课下临摹训练

按照上面讲述内容，理解并临摹以下作品两遍。

某商务楼立面关系实墙与幕墙交替，属于两点透视，主入口上为弧面玻璃幕。

北京华侨大厦，两点透视形体，深化装饰屋檐和门窗口阴影细节，左右树木衬托。

天安门城楼，层高横线严格遵循二点透视规律，坡顶线绘画方向要按照比例关系控制。

某建筑写生，简单的形体运用二点透视规律，主要表达向右消失线，向左消失线条较少。

中央电视台，高层建筑两点透视的典型表达，每层横线严格遵循透视规律。

第5讲 三点透视训练

一、训练目标

【理解】三点透视规律。

【掌握】三点透视场景画法。

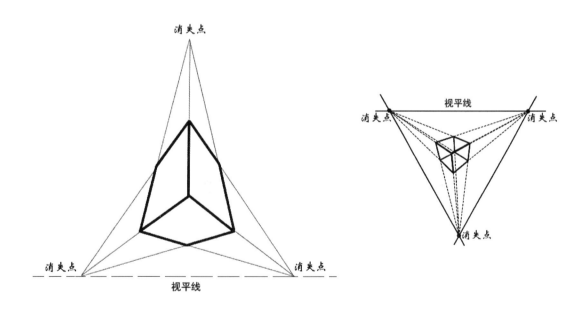

视平线在下面，纵向消失点在上端。　　　　　　视平线在上面，纵向消失点在下端。

二、训练要点

1. 目标选择

高层建筑物的仰视图或者俯视图。

2. 仰视构图

视平线向左右引出两个消失点，视点中心向上引出第三个消失点，紧盯三个消失点，建筑物线条分三组，竖向线条都向上消失，横向线条向左或者向右消失。

3. 俯视构图

视平线向左右引出两个消失点，视点中心向下引出第三个消失点，紧盯三个消失点，建筑物线条分三组，竖向线条都向下消失，横向线条向左或者向右消失。

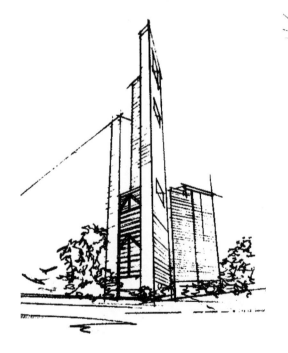

纵向消失点在上端的建筑体块手绘训练。

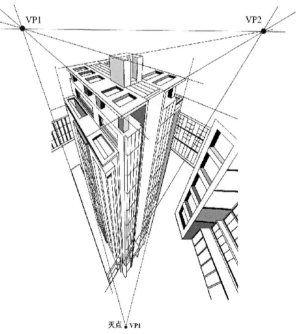

纵向消失点在下端的建筑模型。

三、训练技巧

　　画仰视图，重点绘画首层或裙房及周围建筑物和环境。

　　画俯视图，重点绘画屋顶及屋檐和建筑物上部立面细节及周围空间。

　　画面细节线条与轮廓线条一致，相互平行的线都向同一点消失。

高层建筑群仰视图，中间的建筑类似于一点透视，两侧的建筑属于三点透视。

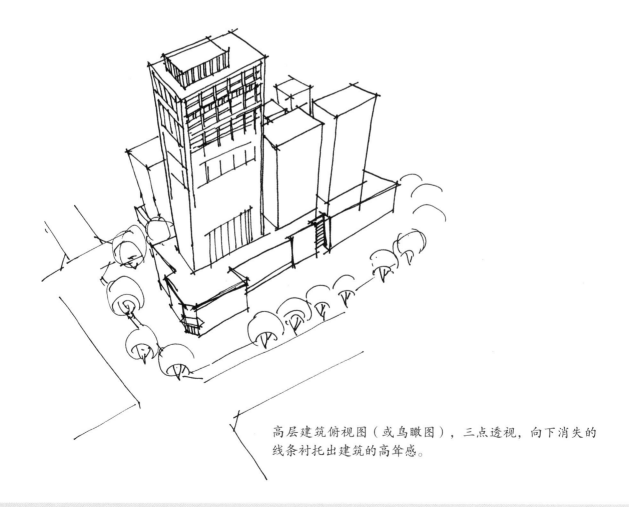

高层建筑俯视图（或鸟瞰图），三点透视，向下消失的线条衬托出建筑的高耸感。

四、现场训练

1. 高层建筑三点透视仰视图训练。

三点透视手绘，第三点向上消失，建筑立面中所有的竖向线条都向上消失。

2．高层建筑三点透视俯视图训练。

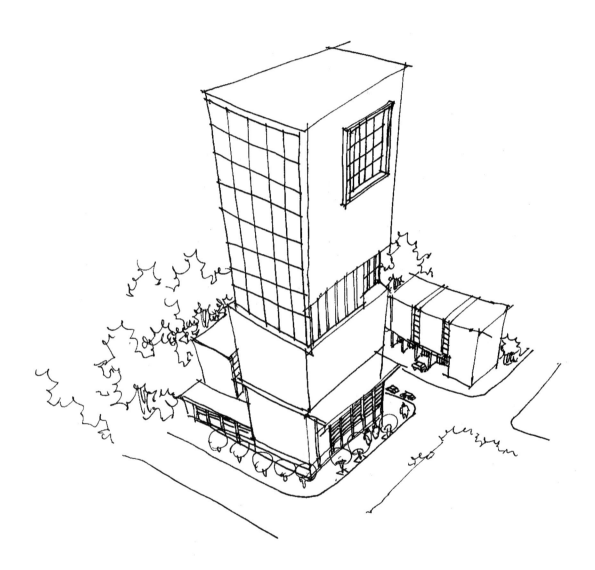

三点透视手绘，第三点向下消失，利用第一、第二消失点的透视关系画出地面道路框架，配上植物，鸟瞰图的"底托"就形成了。

五、课下临摹训练

按照上面讲述内容，理解并临摹以下作品两遍。

香港立宝中心大厦手绘写生，三点透视，向上消失。

北京中化大厦手绘写生，三点透视，角部幕墙加深增强层次感。

第6讲 画面取景构图训练

一、训练目标

学会画面取景，选择合适的构图方式，对构图内的画面内容选择和精简。

几种不同的画面内容布局方式和构图方式。

二、训练要点

1. 构图

处理好建筑物和配景的关系，把图面布置好，整个画面构架符合美学法则，体现均衡、稳定，有重点，有横向式、竖向式、中心式、横三角、竖三角、梯形等多种构图形式。好的构图能够使画面结构和内容寓意达到完美的结合。

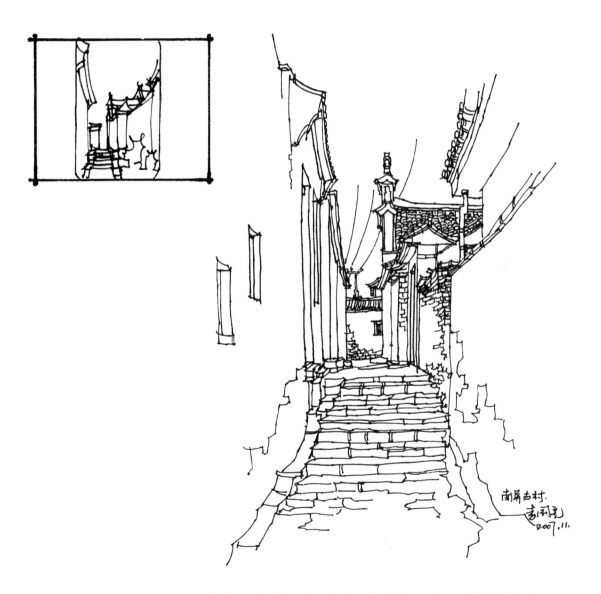

竖向构图方式。皖南古村落南屏古村，为了表达狭窄街巷及台阶，采取竖向构图。

2. 内容选择

学会从杂乱的景物中找到重点的内容；重点对主体建筑物做全面的概括，配景做简单的陪衬；删减对主题影响不大的内容，不遮挡主体；挪移配景，表现主体建筑更充分。

侧三角构图方式。山西窑洞式山村聚落写生，画面的重点建筑组成了侧三角构图。

三、训练技巧

　　在构图范围内按照景物内容比例分配画面，从整体向细部逐步确定构图内容，做到画面可控，构图过程不打草稿，用点或短线定位，一口气画下去。

正三角构图方式。前门城楼及大街写生，采用正三角构图，前门城楼最高点在画面左右三分之一处。

四、现场训练

1. 胡同老街构图训练。

整体遵照一点透视关系，画面纵深感、层次感明确。

2. 湖塔景观三角形构图。

画面多个焦点，用植物、水面联系成为一个整体。

3. 城市建筑群立面构图。

选定制高点建筑位于画面三分之一处，注重塑造高低错落的城市轮廓线。

五、课下临摹训练

按照上面讲述内容，理解并临摹以下作品两遍。

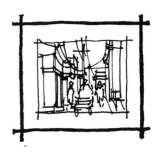

图纸画面中间的方形构图。琉璃厂东街手绘写生，方形构图可以使画面饱满、内容有序。

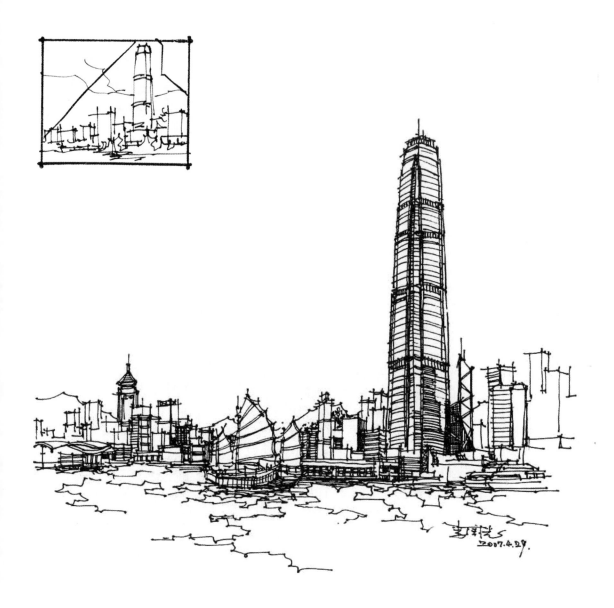

正三角构图方式，最高点在画面左右三分之一处。香港维多利亚湾望香港岛建筑群，采取正三角构图，国际金融中心二期大厦为画面的制高点。

侧三角构图方式，为表达特定的内容需求，稳定而显得灵活。颐和园万寿山佛香阁写生，为把水面及游船概括进来，采用了竖向侧三角构图方式。

第7讲 画面层次训练

一、训练目标

【理解】画面层次和空间感是塑造画面美感重要手段。

【掌握】增强画面层次感的主要方法，实践中增强画面层次和形成空间感的技巧。

北京什刹海商铺，中间的房子和大树深入刻画，两旁的逐步概括，突出重点。

二、训练要点

1．图面重点

画面中建筑是重点，其他植物、车辆、人物是配景。

建筑重点部位的选择：主入口、制高点、画面核心位置、黄金分割点。

画面表达主题：氛围营造、细节描述、个性表达。

2．前中后层次

建筑一般都处于中间层次，画面表达重点。

前景用植物、设施、广场空间等。

背景用树木、建筑、城市天际线等。

层次分明可以很好的体现空间感。

北京琉璃厂西街，牌楼和右侧房子作为重点进行深化，体现出层次变化。

3. 深化方法

线条多样化表达方式来满足层次深化的需求。

用平行长线条均匀排布表达暗面或阴影，形成立体感。

深化建筑细节，线条加密形成重点，体现暗面。

一组组小短线排布，类似于素描调子，强调画面明暗。

北京工业大学北区图书馆，窗口玻璃加深和植物暗面，用竖线表达阴影。

三、训练技巧

在构图完成后，深化细节过程中随时关注画面重点，深化过程常采取从画面重点部位开始逐步向周围过渡，层层叠加。细节较多的建筑用细节深化方法突出重点，细节较少的建筑用形体和体面阴影来体现空间感。

北京昌平银山塔林速写，线条快速，着重体现多个塔组成的群体形象，只对最近处的塔深入描绘一些，做到重点突出。

四、现场训练

西式教堂画面层次训练。

某西式教堂速写，训练建筑层次的深化表达，在勾画建筑体块后，逐步对建筑立面门窗洞口深化，突出建筑层次，周围环境概括表达。

五、课下临摹训练

　　按照上面讲述内容，理解并临摹以下作品两遍。

北京某宾馆速写，重点对建筑的立面线条和门窗洞口深化处理，树木、道路车辆、人物都非常简略，突出画面主体。

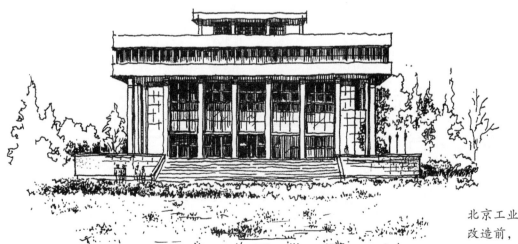

北京工业大学礼堂改造前，用竖线深化背光面和窗户暗部，体现阴影。

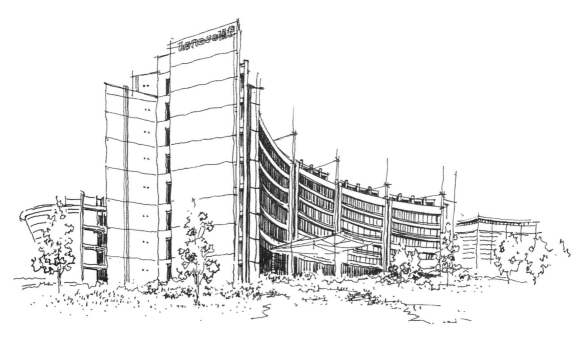

北京联想集团研发办公楼，用竖向短线深化弧形玻璃窗带的办法，达到层次深化的目的。

建筑速写草图记录，屋檐下阴影和柱子投影用墨线涂黑，突出层次。

第 **8** 讲　植物表现训练

一、训练目标

【掌握】植物写实型、概括型、枯树枝型等形态。

【学会】三个层次植物对建筑的衬托技巧。

【记忆】多种植物画法，在写生中随时运用。

概括型树木表达。

写实型植物手绘。

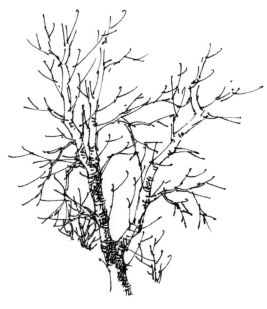

枯树枝树木写生。

二、训练要点

1. 线条要求

形态和大小体块以折线表达为主，手感要熟练。

阴影层次可用折线表达，也可以竖线加深层次。

概括写实型高大乔木，斜线表达阴影。

写意式表达高大树木，线条自然，不能对称。

低矮花草手绘，重点主次分明，石块陪衬。

2. 分类训练

形态：高大乔木、成组灌木、低矮花草等。

写实型、写意型（工笔和固定模式）。

季节：带树叶、枯树枝等。

画面需求：前景树木，中间层次树木，背景树木等。

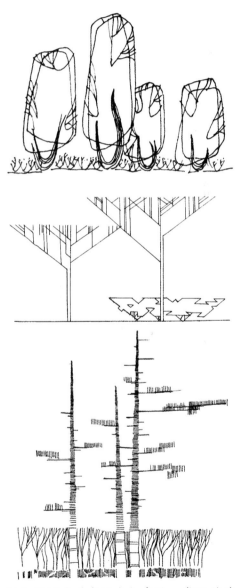

树木的写意（卡通式）表达，常用作建筑画配景。

3. 近景乔木

画面前景的一侧画一棵大树，树干较高，形态自然优美。可以是冬天枯树，也可以是枝叶繁茂。

4. 中间层次灌木

衬托建筑的绿化景观，表现大的树形、树干枝杈。用线条的疏密表现出大的明暗关系。

5. 背景树木

衬托建筑环境的最后面屏障，简略的外形轮廓表达。可以与远处的山脉、水景、天空连为一体。

近景枯树，远景树丛形成稳定的地面感，配上建筑物整个画面显得饱满。

近景造型大树与远景树丛丰富了画面构图，衬托建筑空间感。

远景成片树木植物与山形咬合在一起，山体为形，树木深化为层次表达。

三、训练技巧

近景大树可以是完整树形，也可以是大树剪影片段，保留树干和主要枝杈。

中间层次按衬托建筑需求确定灌木多少，可以二三棵成组，也可大片相连。

许多表达建筑单体近景手绘中，只用前两个层次，不需画背景树木。

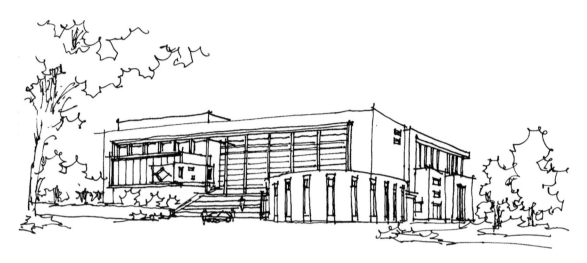

片段大树作为前景，映衬出建筑物前面的场地空间。

树木笔墨不多，但对画面的完整性、空间感的形成作用较大。

四、现场训练

1. 枯树枝训练。

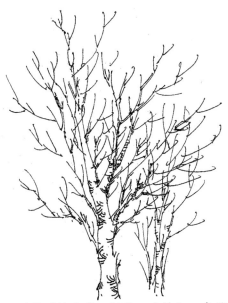

枯树枝训练要素：树干、主枝杈、末端枝杈分层级推进；手感来源于不断的训练，自然、非对称、一组组的从内向外画出；有疏有密，树干局部加一些短线表达明暗。

2. 写实概括画法训练。

概括式画法训练方法：整个大树的树冠分为几个云状体块，用自然的枝杈把这些树冠连接起来，在几个树冠体块下面用细碎折线加密，表达阴影层次。

3. 简易画法和形体概括画法训练。

雪松的简易画法和形体概括画法，掌握熟练都可作为建筑画配景。

五、课下临摹训练

　　按照上面讲述内容，理解并临摹以下作品两遍。

小树木和低矮灌木概括式手绘表达。

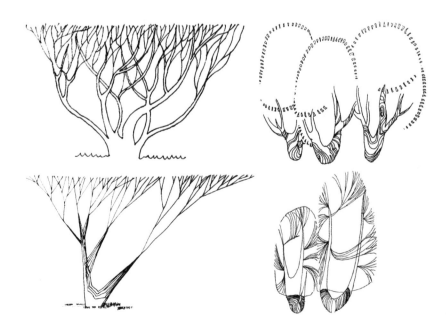

卡通写意式树木手绘。

高大乔木的手绘训练，掌握形体表达和阴影深化方法，树干与地面交接处理技巧。

第**9**讲 人物表现训练

一、训练目标

【掌握】简洁的人物表达技巧，写实型、写意型等形态
通过训练掌握。

【记忆】几种人物画法，在写生中随时运用。

简洁的人物钢笔手绘表现。

二、训练要点

1. 线条要求

以弧线和折线表达为主，达到手感熟练。

2. 分类训练

形态：单个人物，两个成组，成群人物等。

表达形态：轮廓型，写实型，写意型。

画面需求：画面补充人物，大量人物烘托氛围。

3. 单个人物

外形比例符合特征，男子肩宽，女子腰细穿裙；男子头型是倒梯形，女子长发；人物手臂可以有各种动作，腿部可以表示站立或行走。

表达衣服、动作、提或背行李包的人物表现，骑人力车的人物表现。

4. 成组人物

两个人或三人一组，人物之间动作要有呼应，人物面对面，或者动作呼应，或专注于同一件事情。

5. 卡通写意人物

人物形象抽象概括表达，画成三角形、梯形或者弧形，这是在建筑画中常用个性表达手法。

人物轮廓表现。

各种人物动作手绘。

成组人物手绘表达。

卡通写意式人物手绘表达。

三、训练技巧

大场面环境时需要大群人来烘托特定氛围，人物形态姿势不一，坐、立、走或专注于某些活动。

几组人群表达，分别关注于不同的事情。

胡同住宅区人物生活场景。

海岸沙滩人物活动场景概括表现。

四、现场训练

1. 男女单个人物表现训练。

2. 男女带孩子组合训练。

3. 三角形写意人物表达训练。

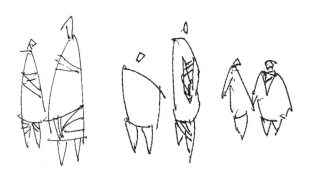

4. 带行李外出的人物形态训练。

五、课下临摹训练

按照上面讲述内容，理解并临摹以下作品两遍。

单个和成组人物训练。

大群人物概括训练，
注意动作和呼应。

建筑场地写意人物群
体表达，三角形人物，
成组的斜线深化层次。

大群人物在实际写生中的应用。

第10讲 交通工具表现训练

一、训练目标

【掌握】不同类型交通工具的画法，结合实际默写。根据不同的场景，选择特定的交通工具烘托氛围。

城市街道车辆行走状况，小汽车、大客车数量多，需熟练掌握。

二、训练要点

1. 熟悉交通工具

地面水面：车，船（小木船、大轮船）。

机动车：小汽车，大卡车，施工机械车辆。

非机动：自行车，人力三轮车，黄包车。

2. 小汽车大卡车

体块线描训练，按照比例透视画出不同角度的汽车轮廓，汽车车身平行于建筑物的一边，汽车长边平行于道路，形体几何化，从整体到局部层层深入刻画。

3. 人力车

三轮车、自行车车型比例要准确，杆件画双线一笔呵成，不出现拼接、断开。

小汽车手绘训练步骤解析。

小型摩托车训练案例。

中型面包车训练案例。

不同形态、不同角度的小汽车
训练，大量临摹后熟练运用。

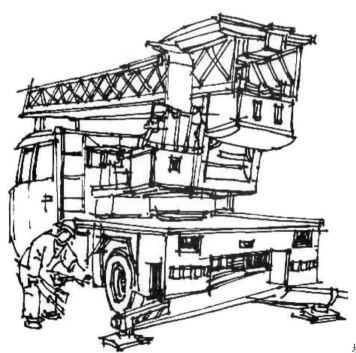

城市街道检修车训练案例。

旅游区人力三轮车训练案例。

4．小木船

江南水乡必不可少的画面元素，熟练记忆两种。小木船透视方向、细节深化比较重要。人物姿态生动有趣，划木浆人物，坐船人。

5．大轮船

海岸游轮，几层客房，比例和透视与建筑物类似。

船体细节：窗户、甲板上机器设备，几组简单的人物。

江南水乡古镇小木船训练案例。　　　　　　　　　　　　江边、海岸大游轮训练案例。

三、训练技巧

各类交通工具讲究比例透视关系和尺度感，细节深化程度根据画面要求，突出氛围，加深层次。

在古镇水道中，船与建筑物、小桥的尺度比例要控制好，才能和谐。

大游轮靠岸，港口水岸速写。视平线压低，大游轮形体饱满，远近城市轮廓线作为背景。

四、现场训练

1. 人力三轮车训练。

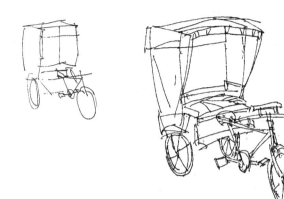

先把构架研究清楚，深化就比较容易。

2. 大游轮训练。

船身形体简洁，上部客房就像建筑物，门窗细节深化，船顶信号塔对构图有帮助。

3. 小汽车训练。

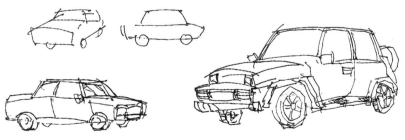

注意透视角度和车身比例及细节。

五、课下临摹训练

按照上面讲述内容，理解并临摹以下作品两遍。

城市街道与车辆一体化训练案例。

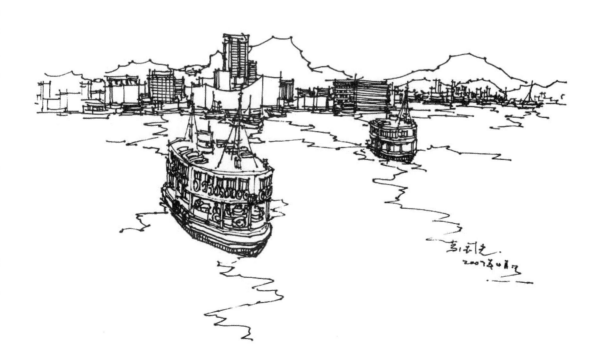

香港天星小轮，船体细节深化，水面纹理衬托船只。

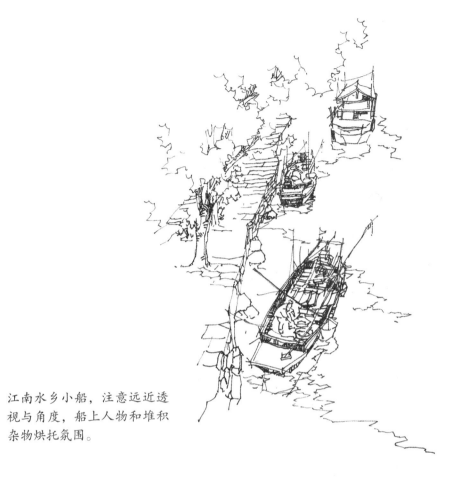

江南水乡小船，注意远近透
视与角度，船上人物和堆积
杂物烘托氛围。

水岸中型游船，注意透
视角度和船身线条细节，
城市环境概括作为背景。

第11讲　地面、水面和天空训练

一、训练目标

【理解】地面、水面和天空对衬托、丰富画面构图的作用。

【掌握】熟记几种地面水面天空的表达方法。

【学会】在不同的画面中采用简洁的衬托方法。

地面用场地边线表达，柔软的曲线描述空中云彩。

二、训练要点

地面。

用地块、道路边线和边缘存在的植物来体现地面存在感。

广场铺装和绿化景观的表达是地面深化的方法，地面各地块边界线，道路线的透视要准确，体现空间感。

水面。

表现船体投影，用横线的疏密错动表达水面质感，刻画水面的投影边缘线，用折线体现水面的动感，从船尾引出曲线，画出水面的波纹或波浪。

天空。

用弧线和流线画出天空的云彩形状表达天空，点缀一些飞鸟活跃画面，天空可以结合远景建筑或树木来表达。

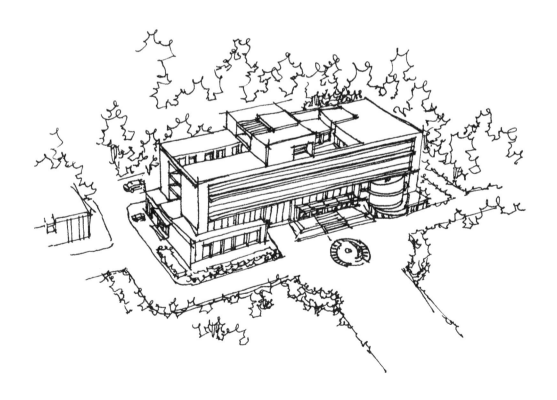

建筑鸟瞰图中，用清晰的道路边界、绿地植物和背景树木来衬托建筑空间，透视关系明晰，画面稳定。

建筑物在地面、天空的衬托下，空间丰富，画面饱满完整。

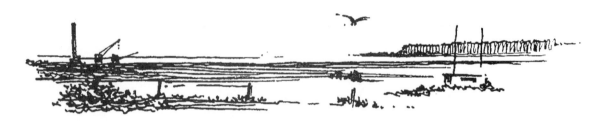

利用横线条的疏密深浅表达水面光影感。

用折线表达水面纹理和船体投影，自然多变。

三、训练技巧

　　地面和水面体现稳定感，笔墨轻重随画面要求而定。天空是为了衬托建筑，很多情况下不需要画，免得画面杂乱，在许多大场景中，地面和水面是表现主体，需要深入刻画。

北京什刹海水面，作为画面的主体内容，利用横线疏密表达光影感。

用均匀横线条平铺的方法表达水面。

四、现场训练

1. 帆船倒影训练。

用横线的疏密表达水面光影。

2. 折线水面训练。

折线表达水面纹理，强调动感。

3. 地面天空训练。

通过道路和地块边界来体现地面，地面植物和地形纹理适当体现。斜线和弧线表达天空云朵。

五、临摹训练

按照上面讲述内容，理解并临摹以下作品两遍。

折线和碎线表达水纹和浪花案例。

折线表达水纹，配合小木船、石桥表达水乡氛围。

高处远望北京环路，道路的方向感统领画面透视，天空和远景建筑轮廓构成画面的深远感。

第 *12* 讲 建筑细节表现训练

一、训练目标

【掌握】不同类型的建筑细节深化方法，在不同题材手绘中要认清不同的重点要素，训练细节表达提高线条手感和熟练度。

皖南古村落老房子表达，建筑屋顶、立面门窗、地面石块铺路都是需要训练的细节内容。

二、训练要点

1. 欧式建筑细节

壁柱、柱头、线脚、券洞口、山花、装饰细节等。

2. 中式建筑细节

屋顶、屋檐、椽檩、斗拱、额枋彩画、窗棂、柱子、台阶等。

欧式建筑速
写细节训练
案例。

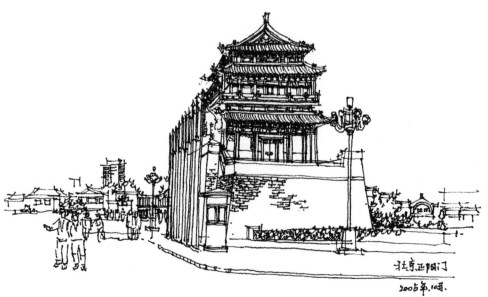

中式建筑写
生细节训练
案例。

3．不同材料质感

1）砖墙：掌握砖墙的特点，色调变化、灰缝形成的阴影与砌筑方式。概括的方法，在转角处细画一部分，其余明暗色调一带而过。

2）石块墙：砌块大，形状不一致，色调也有变化，水平排列，大小搭配，变化有致，接缝错落，坚硬结实。

3）台阶：条石台阶，线条曲折顺直。

4）铺装地面：石板和石片地面，折线断续拼接。

5）瓦屋面：陶瓦、水泥瓦、筒瓦、玻璃瓦和小青瓦屋面。瓦缝起伏变化和断续，以表现瓦垄的凹凸和质感，瓦垄是竖向的，屋面一般多为曲面，瓦垄从透视上看是曲线。通过对屋脊和檐口瓦头滴水的刻画来显示它的边界和细节。

石块墙、岩石大门、碎石路面等细节训练案例。

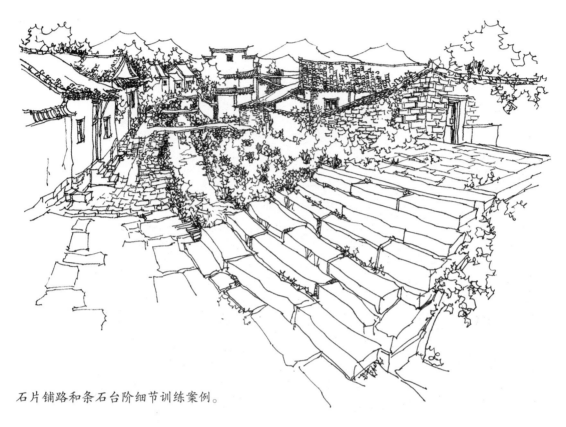

石片铺路和条石台阶细节训练案例。

皖南古村中戏楼细节案例，挑檐、
窗棂格和装饰细节等。

北京四合院房屋细节手绘，瓦顶、檐口、柱廊、门窗和台阶等。

三、训练技巧

对细节深化和描摹不同的表现手法，养成自己习惯的方式。深化重点部位和线条特征形成画面个性。

浙江古村，训练民居、围墙和石阶环境等，经过大量的临摹，形成熟练的笔法，提高画面整合能力。

四、现场训练

1. 北方民居的大门训练。

练习瓦顶、门框、砖墙、台阶和地面等。

2. 欧式建筑立面训练。

练习壁柱、线脚、券洞和墙面细节等要素。

五、临摹训练

按照上面讲述内容，理解并临摹以下作品两遍。

南方民居马头墙、瓦顶、砖墙和墙头杂物等训练。

北京雍和宫，训练瓦檐、斗拱、额枋、窗格和台阶等表达要素。

第 13 讲 环境与建筑融合训练

一、训练目标

【理解】环境对建筑的衬托美化作用。

【掌握】环境树木对建筑的美化方法和技巧。

用一两种套路来指导手绘写生训练。

植物作为画面的"底座"来衬托建筑。

二、训练要点

　　建筑构图中为植物景观留出空白，植物与建筑同步构图，同步深化，植物遮挡不可缺少，选择合适地方，给人留下想象空间，鸟瞰图中建筑之间穿插树木，画面有空间感，层次丰富。

颐和园佛香阁，园林建筑的表现就好像从树丛中"生长"出来，建筑与树木融为一体。

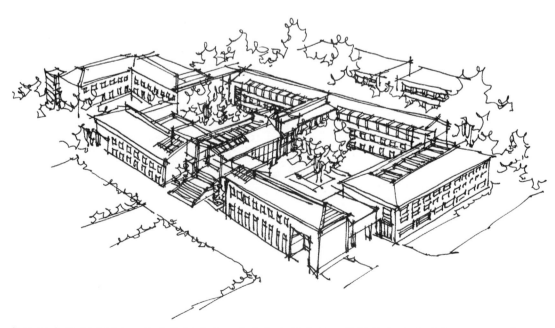

在校园建筑鸟瞰图中，除了透视准确，在各个空间中插入单株或成片的树木，再配上草坪，丰富和柔化了建筑空间。

三、训练技巧

植物遮挡建筑的部位有：

边缘部位：植物环绕建筑；远景空间：植物作为背景；建筑与地面交接部位：植物丛林与建筑融为一体；建筑造型或立面生硬部位，需要植物缓冲或美化；建筑不宜表达的部位，用树木遮挡。

小别墅手绘表现，植物环绕一圈。

中国伊斯兰教经学院，整个建筑掩映在树丛中。注意树木的形态虚实变化。

圆明园绮春园景色，近景植物在画面上部以剪影出现，远景植物与建筑融合在一起。

——北京团结湖公园.

北京团结湖公园，非常概括的植物衬托上面的建筑，重点突出建筑，做到层次分明。

清华大学教学主楼，通过不同形态的乔木、灌木、枯树和绿篱对建筑形成围合式陪衬。

四、现场训练

小型建筑与环境融合训练。

训练步骤：1. 建筑构图，需要表达植物的地方留白；2. 建筑立面细节逐步分层深化，树木轮廓画出来；3. 植物深化完善，地面完善。

五、临摹训练

按照上面讲述内容，理解并临摹以下作品两遍。

建筑手绘效果图，小型建筑需要树木的衬托才能突出空间效果。

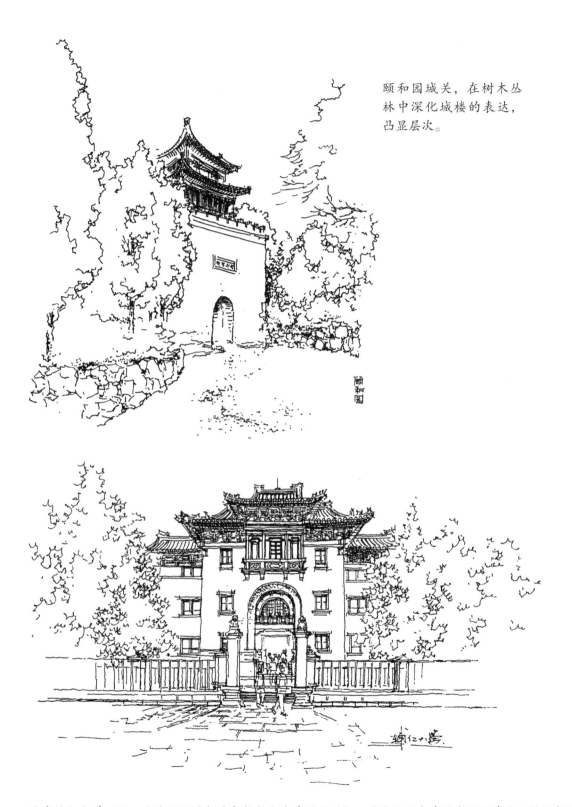

颐和园城关，在树木丛林中深化城楼的表达，凸显层次。

北京辅仁大学旧址，通过两侧树木对中式类古典建筑的衬托，更能体现出建筑空间的清雅幽静的氛围。

第14讲 建筑人视图综合训练

一、训练目标

【综合运用】前面手绘技法画出人视手绘图，一幅图中所用技法根据画面要求选择。

【学会】用画面构图、建筑深化和补充配景等几大步骤控制绘画进程。

运用画面构图、建筑深化和补充配景等几大步骤完成建筑钢笔手绘图。

二、训练要点

1. 画面构图

运用取景构图方法进行构图，根据比例透视原则画出建筑轮廓和主要体块的穿插，预留树木配景、汽车人物的位置。

2. 建筑深化

根据画面层次训练方法深化建筑立面的墙、柱和窗等内容。按照建筑细节训练内容完善建筑形体细节等。按照植物、人物、车辆、地面和天空画法逐步分层次加深环境内容。

3. 补充完善

从整体上观察画面的深度，构图完善与层次深化是否到位，采取用线条完善细节内容，画出阴影区、建筑内部的内容，达到深化层次的目的，利用短线调子描述阴影的方法增加画面空间感和层次感，从画面重点部位向周围查缺补漏，加工完善。

按照几大步骤绘制透视图，重点是用前景大树打开画面空间。

按照几个大步骤绘出透视图，建筑前面水面环境和人物的表达活跃画面氛围。

三、训练技巧

　　构图部分重点关注比例和透视。建筑深化部分关注建筑立面细节，要有重点和层次。补充完善部分配景适当，衬托建筑，使内容饱满。

用几大步骤完成效果图绘制，最后对建筑主入口幕墙盒子强调深化。

四、现场训练

人视图训练。

训练步骤：1. 建筑构图，按照比例透视、取景构图法则绘制轮廓和体块；2. 建筑物墙面细节深化，门窗幕墙深化，入口深化，树木轮廓定位；3. 树木深化完善，地面配景完善。

五、课下临摹训练

按照上面讲述内容，理解并临摹以下作品两遍。

传统手工艺博览中心设计。

步骤一：选择体形较高的部分作为近视点，这样建筑形体显得挺拔，透视效果较好。线条勾勒建筑轮廓，分割好左侧大厅与右侧四个博览大厅的体量。

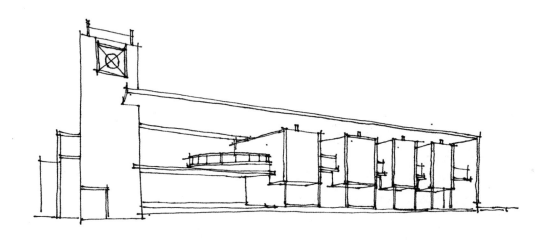

步骤二：细化立面的玻璃墙体分割，对各个展厅上部的采光顶刻画完善。

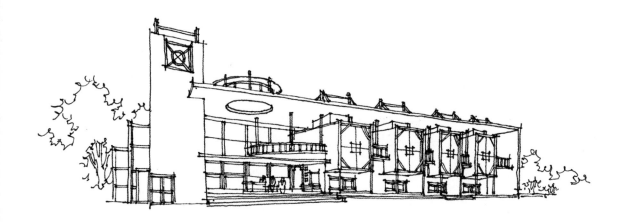

步骤三：画出地面纹理、建筑前广场与周围绿化景观衬托建筑。

按照三个步骤体系绘制透视图训练案例。

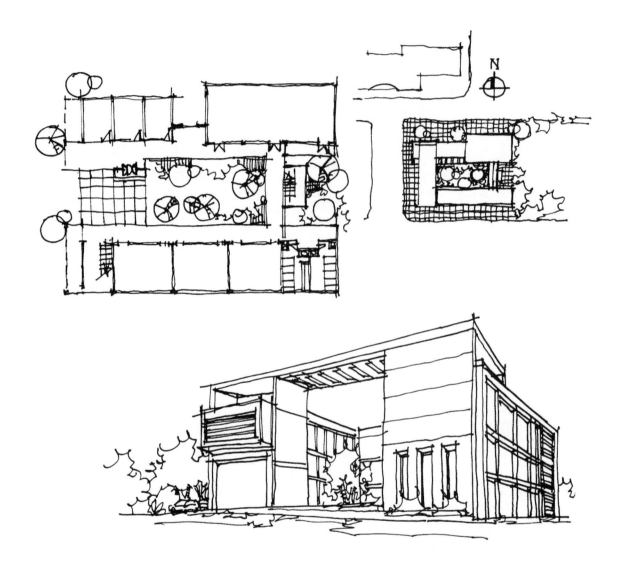

建筑快题设计内容包括人视效果图、建筑平面图和总平面图。

第15讲 建筑鸟瞰图综合训练

一、训练目标

【综合运用】前面手绘技法画出鸟瞰手绘图，一幅图中所用技法根基画面要求选择。

【学会】用画面构图、建筑深化、补充配景等几大步骤控制绘画进程。

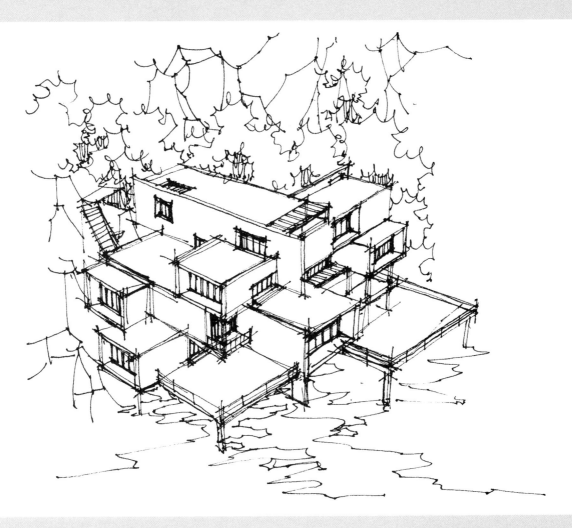

手绘鸟瞰图，重点是构图控制和透视比例，关系到建筑的表达准确性和美观性。

二、训练要点

1. 画面构图

运用取景构图方法进行构图。根据比例透视原则画出建筑轮廓、主要体块的穿插。预留树木配景、汽车人物的位置。

2. 建筑深化

根据画面层次训练方法深化建筑立面的墙、柱和窗等内容。按照建筑细节训练内容完善建筑形体细节等。

3. 补充完善

按照植物、人物、车辆、地面和天空画法逐步分层次加深环境内容。从整体上观察画面的深度，构图完善与层次深化是否到位。从画面重点部位向周围查缺补漏，加工完善。

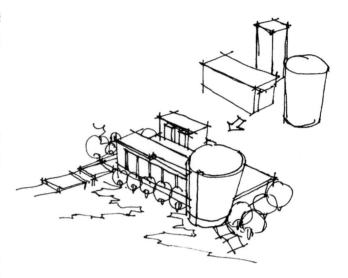

建筑鸟瞰图体块构图训练，从训练开始就要养成习惯，从整体入手，分析研究建筑的几何形体构成、交接和边缘处理等。

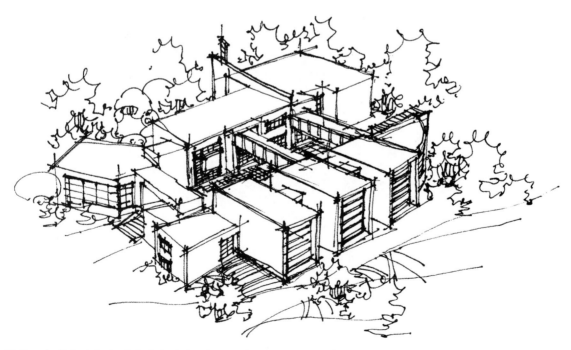

按照三大步骤进行鸟瞰图手绘训练，本图为多体块围合空间表达，对内院的铺地和建筑立面重点深化。

三、训练技巧

　　构图部分重点关注比例和透视。建筑深化部分关注建筑立面细节，要有重点和层次。补充完善部分配景适当，衬托建筑，内容饱满。

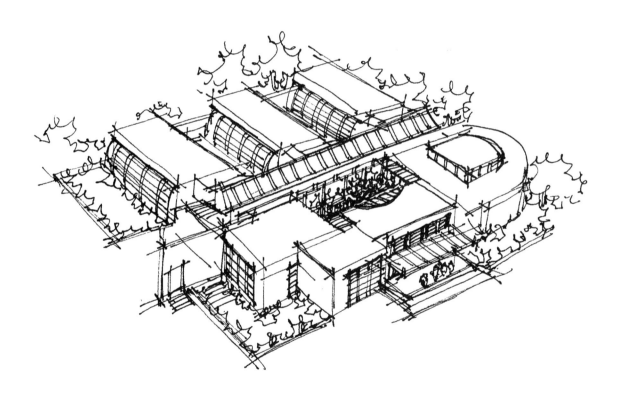

　　手绘鸟瞰图表达，多个建筑体块组合时注意透视关系、整体的秩序性，中间的连廊是个纽带，把整体串联起来。

四、现场训练

1. 多个几何体块组合成的建筑鸟瞰图训练。

多个几何体块组合建筑鸟瞰手绘图，按照步骤训练，重点是构图与透视关系，眼力对画面的判断能力决定画面质量，竖线竖直，两点透视。

2. 多边形建筑鸟瞰图训练。

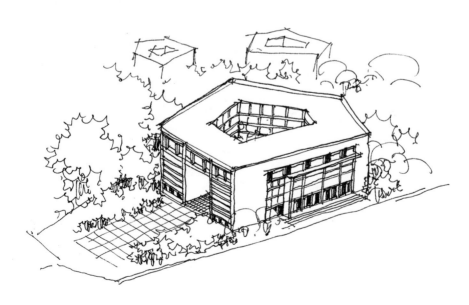

多边形有内院建筑鸟瞰图表达案例，建筑立面深化完毕后，对地块内植物和地面充分表达，衬托建筑物。

五、课下临摹训练

按照上面讲述内容，理解并临摹以下作品两遍。

高级中学综合楼设计

步骤一：由于体量较大，为整体反映教学楼的空间关系，采用鸟瞰图方式，首先画出几大功能体块，注意它们之间的咬合。

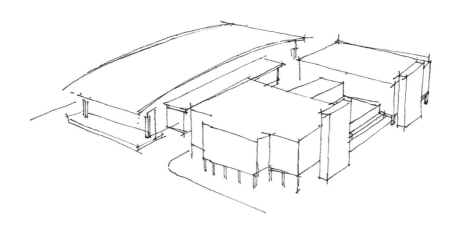

步骤二：细化各个立面的柱子、门窗和幕墙分格等，严格说这是三点透视，但竖向只画垂直的线即可，按两点透视对待。

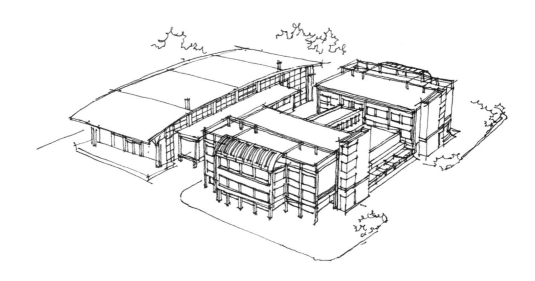

步骤三：画出周围的地块、路网、绿化环境和背景建筑体块，注意透视关系，再对教学楼细化完善。

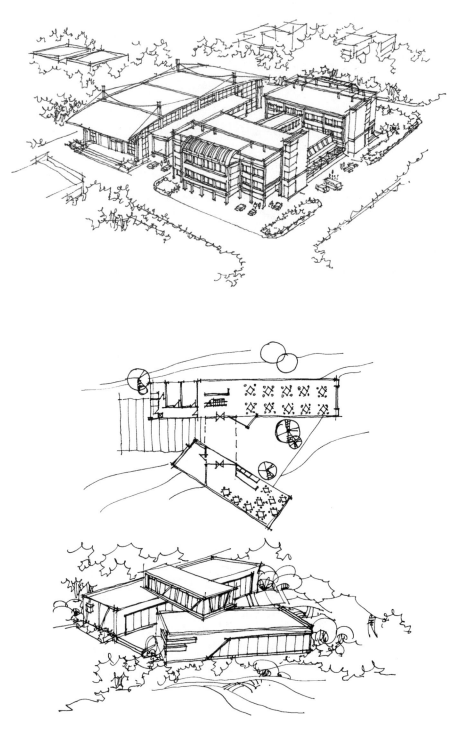

　　建筑快题设计中，鸟瞰效果图手绘训练案例，同时补充建筑平面图和地面机理，快题表达中图面细节问题很适宜手绘表现，快速而形象。

第二部分

建筑钢笔手绘
写生提高训练

第16讲 现代建筑写生训练

一、训练目标

【学会】现代城市单体建筑写生提炼表达。

【初步掌握】现代建筑的表达要素：线，面，影。

北京京广中心大厦，高架桥略掉，露出完整的裙房，重点用线条表达建筑的立面机理，包括分层横
线和竖线，强调幕墙的光影感。

二、训练要点

画面构图、建筑深化和配景补充完善整套方法的熟练运用。

现代建筑线条整齐、挺拔，透视感强。

主体建筑深化的要素包括建筑的结构外露线条和立面机理。

道路和汽车作为环境表达重点要素。

北京京城大厦，重点为立面窗口退晕
表达，屋顶层次分明，水面投影表达。

北京港澳中心，建筑弧面作为表达重点，点和线表达质感和光影感，地面道路、绿化和汽车衬托空间感。

三、训练技巧

轮廓勾勒明晰、肯定，体块之间独立分明。

表达建筑阴影的方法：竖长线排列，一组组短线多方向排列。

国家游泳中心（水立方），表达重点在于立面机理，成组小短线表达气泡状细节特征。

四、现场训练

北京CCTV新址大楼训练。

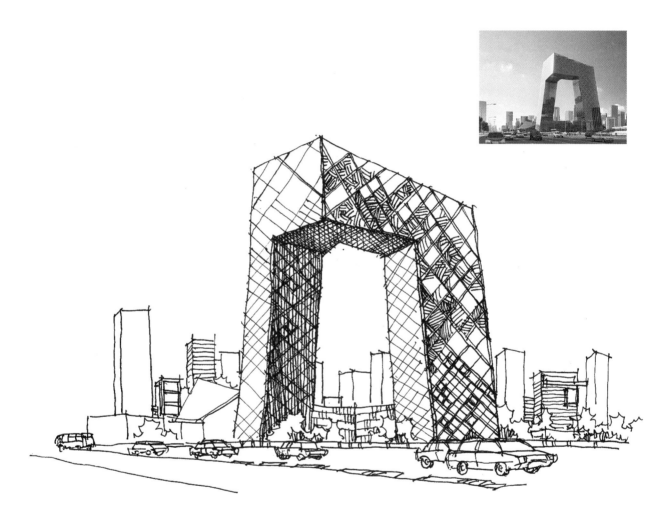

北京 CCTV 新址大楼，建筑体块简洁，重点在于建筑的层次深化用短线表达，背景建筑概括表现，地面与车辆环境完善补充。

五、课下临摹训练

按照上面讲述内容，理解并临摹以下作品两遍。

中国人民银行办公大楼钢笔写生训练，练习弧形曲面表达，要符合透视关系，注意立面窗体处理以及环境与建筑的融合，要表现出韵律秩序感。采用层次深化画法，分为四步。

第一步：先画出建筑物前的树木地面，然后绘制主体建筑轮廓。

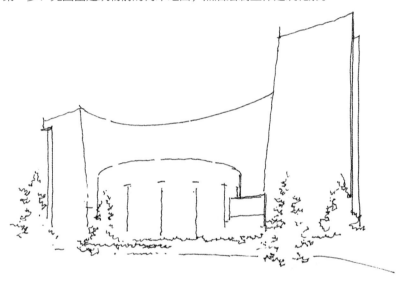

第二步：建筑立面纹理刻画，注意线条透视关系，树木层次深化。

第三步：画出后面的背景建筑，衬托主体建筑。

第四步：继续完善画面两侧的背景建筑和树木等，使画面具有整体感。

北京西客站，建筑屋顶为画面重点，建筑体块用线条体现明暗和投影，前面广场立交桥和植被环境内容较多，需要取舍表达，植被与建筑虚连接。

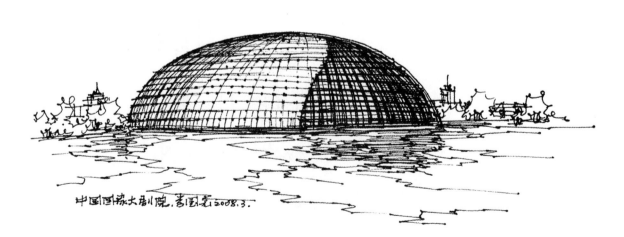

国家大剧院，曲面壳体分为金属和玻璃两个不同质感的面，金属面用细线和点表达，玻璃面用深线表达，弧线的方向整体统一，明暗层次分明，水面用折线体现倒影。

中国国际科技会展中心，建筑立面洞口、暗面和王冠式屋顶采用重笔墨表达，洞口加深体现阴影。

第17讲 现代建筑群写生训练

扫二维码
观看免费课程

一、训练目标

【学会】现代城市建筑群写生表达。

【初步掌握】建筑群的表达要素，以及建筑群空间感和光影感的塑造方法。

香港会展中心与中环广场建筑群，建筑几何体块式表达，重点深化前面的会展中心立面和最高的中环广场大厦，周围逐渐概括表达。

二、训练要点

　　画面构图、建筑深化和配景补充完善整套方法的熟练运用。

　　现代建筑线条整齐、挺拔，透视感强，主体建筑深化的要素包括建筑的分层线条和立面幕墙机理。

　　在画面中穿插表现城市的道路设施和汽车，穿插表现城市景观环境的塑造以及衬托建筑的树木。

　　香港湾仔地区建筑群，密集的建筑配上立交桥，空间繁杂，需要简化建筑体块构图，立面门窗重点深化，周围表达减弱。

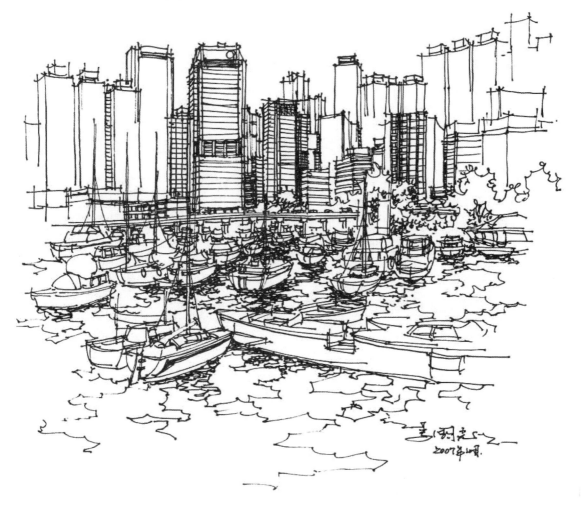

香港铜锣湾渔船区，船型体块反复训练，船体叠加遮挡，后面的概括，水面阴影加深体现层次，建筑要主次分明。

三、训练技巧

轮廓勾勒明晰、肯定，体块之间独立分明。

表达建筑层次的方法；暗面机理深化。

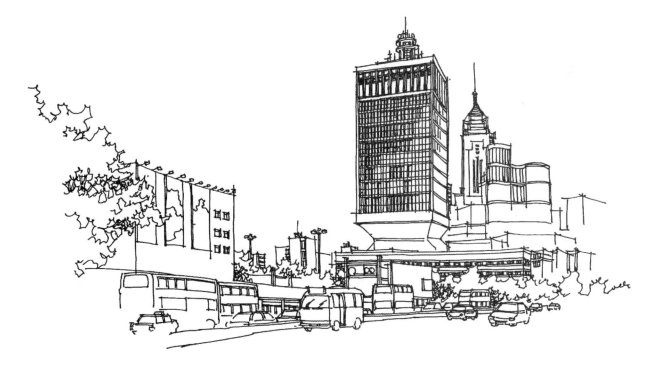

中国人民解放军驻港部队大厦，建筑主体幕墙边框深化，主干道路用汽车表现动态感。

四、现场训练

湾仔地区建筑群写生训练。

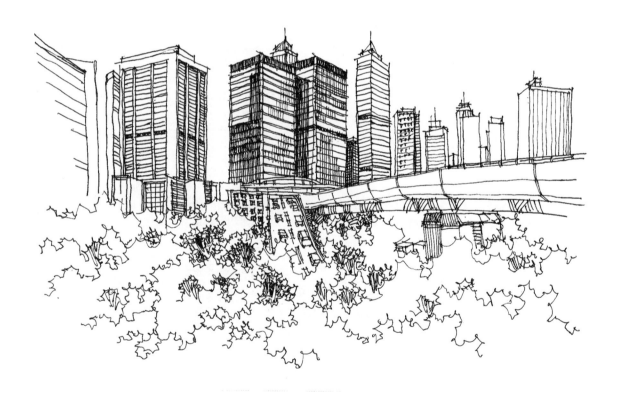

以中间两栋幕墙大楼为构图中心，左右建筑、下面路桥和绿化辅助衬托，核心建筑深化立面，体现光影。

五、课下临摹训练

　　按照上面讲述内容，理解并临摹以下作品两遍。

　　香港中环建筑写生，人视图建筑群表达，先画中心以及前面的重要建筑物和环境，进而再描绘出周围的次要建筑环境，最后整合画面，突出重点。

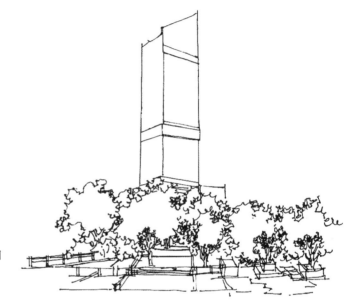

　　第一步：先画出建筑物前的树木和地面，然后绘制主体建筑轮廓。

　　第二步：建筑立面纹理刻画，注意线条透视关系，树木层次深化。

第三步：画出后面的背景
建筑，衬托主体建筑。

第四步：继续完善画面两
侧的背景建筑和树木等，使画
面具有整体感。

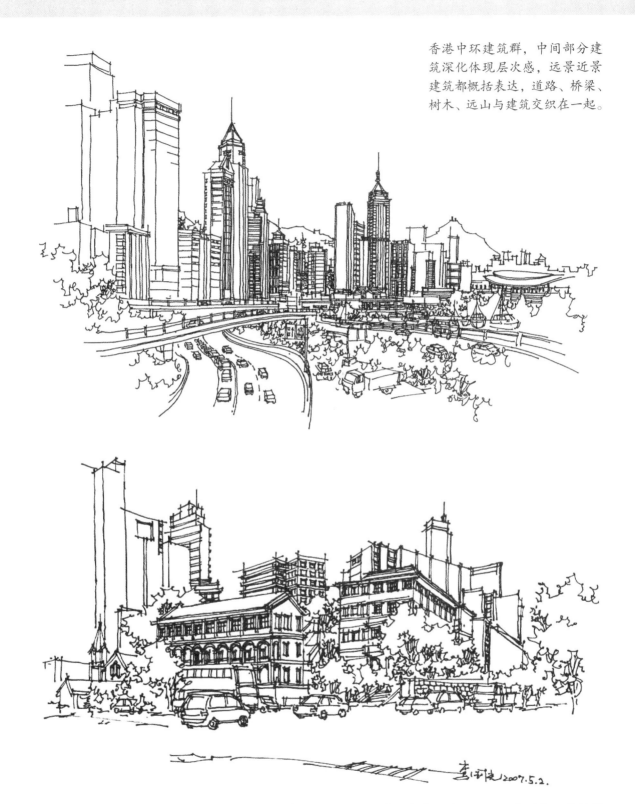

香港中环建筑群，中间部分建筑深化体现层次感，远景近景建筑都概括表达，道路、桥梁、树木、远山与建筑交织在一起。

香港红磡街景，新老房子交错，体块严格符合透视，重点对两个坡顶房子立面门窗深化，其他简略表达，环境车辆必不可少，体现生活秩序。

第18讲 北京胡同写生训练

一、训练目标

【了解】胡同的空间特点。

【掌握】胡同表达的重点要素，胡同设施与配景的选择表达。

狭窄幽静的小径，质朴的大门，砖砌墙头，伸出院子的枯树表达胡同意境。房屋虽小，透视多变，需要较强的构图能力，大门是重点，进行深化。

二、训练要点

1．空间构图

两侧房子各自独立，透视不同，房子参差不齐，前后错落。

2．细节深化

屋檐屋顶：筒瓦、檐口滴水、檩椽、边瓦和屋脊等。

门窗口：门窗框、窗扇分格和窗棂细节等。

墙面材质：局部砖缝深化，大部分留白，表达墙皮脱落感。

户外和院内搭建房屋，墙根处堆积杂物，空调罩、遮雨棚等。

地面：砖石铺地拼缝，局部断续留白。

3．配景设施

人物：适当点缀，姿态各异，骑三轮车或自行车姿态表达生活场景。

树木：画枯树枝比较适合胡同感觉，也可以画枝叶概括。

电杆：有节奏表现远近关系，电线的弧线体现透视感。

胡同早晨，近处电线杆省略，胡同建筑搭建形态多样，体块交错，人物生活状态通过走路和骑车表达。

樱桃斜街胡同，训练转角胡同透视变化，生活场景元素也需要分析研究和训练。

三、训练技巧

　　线条的感觉要求韵味，不讲究特别直，要有节奏感，熟练度很重要。细节设施要符合胡同的特点，现代建筑的要素要弱化，树木要遵从画面需求，采取插空、点缀的方法，可以移位。

　　胡同早春，训练枯树的表达方法，人物和自行车烘托安静的氛围。

四、现场训练

北京胡同写生训练。

冬天胡同场景，在杂乱的空间中提炼整齐的房屋体块，按顺序排放好，再摆放电杆、人物、树木和杂物，最后深化大门与墙面机理等。

五、课下临摹训练

按照上面讲述内容，理解并临摹以下作品两遍。

炭儿胡同，训练内容有简易
的线条表达，线条疏密表达
层次，地面碎线的表达方法
与胡同氛围协调。

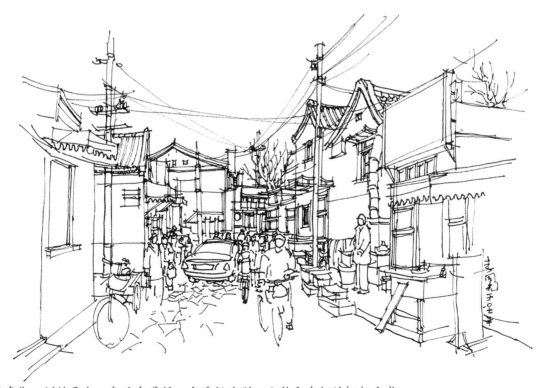

延寿街，训练要点：杂乱中遵循一点透视法则，人物和车辆的概括方式。

烟袋斜街，训练碎短线迅速表达效果，主体建筑加重笔墨，突出重点，左边建筑轮廓因构图的需要，几笔概括完成。

李国光 2006.12.30.

北京小院（西四）
李国光 2006年9月19日.

北京西四小院子，重点对垂花门以及门洞内院景物的表达，线条虽多，但分组有序，形成安宁祥和的生活氛围。

第19讲 江南古镇写生训练

一、训练目标

【了解】古镇水乡的空间特点。

【掌握】古镇表达的重点要素，古镇设施与配景的选择表达。

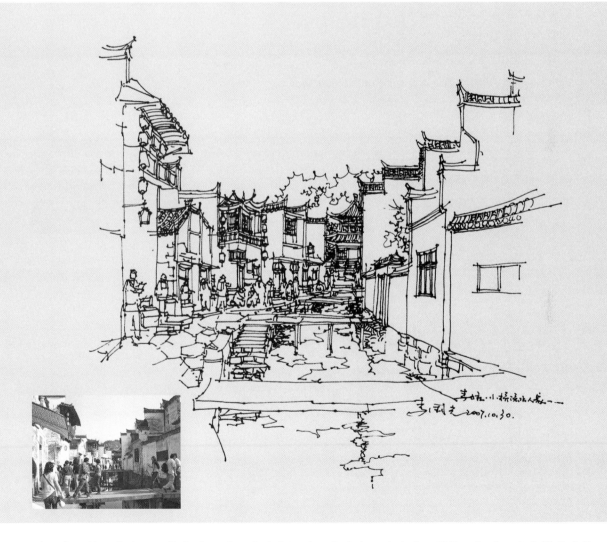

婺源李坑村，省略近处繁杂的人群，建筑空间的形态多变，马头墙、屋檐、河道、台阶等要素构图注意方向感，重点部位深化细节。

二、训练要点

1．空间构图

街道或河道两侧的房子，各自独立，透视不全相同，这是构图重要特点。小桥曲折变化，透视各异，形成多点透视构图。

2．细节深化

屋檐屋顶：筒瓦、檐口滴水、檩椽、边瓦、马头墙和屋脊等。

门窗口：门窗框、窗扇分格和窗棂细节等。

墙面材质：局部砖缝和石头拼缝深化。

地面：砖石铺地拼缝和局部断续留白。

水面：与岸边自然交接，折线水纹表达。

台阶石板：条石拼接台阶，连接地面与水面，石板桥面。

3．配景设施

人物：适当点缀，姿态各异，生活场景，旅游场景，写生场景。

树木：远景树木枝叶概括，近景造型树，点缀建筑空隙。

船只：水面木船，人物划船等。

遮阳伞，灯笼，商铺买卖等烘托悠闲氛围。

歙县许村，建筑形态错落有致，遵循透视规律，桥屋有特色，深化墙面门窗、砖石拼缝，水中倒影省略，只画简单的折线水纹。

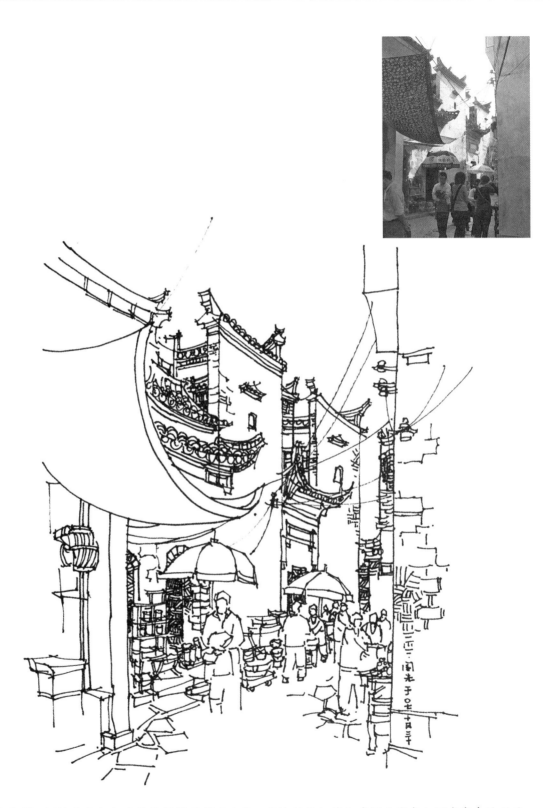

婺源晓起村，训练要点包括建筑物屋檐的节奏变化，通过刻画细节和房屋内线条加深丰富表达层次。

三、训练技巧

　　线条的感觉要有韵味，不讲究特别直，要有节奏感，熟练度很重要。细节设施要符合古镇水乡的特点，现代建筑的要素要弱化。树木要遵从画面需求，采取插空和点缀的方法，可以移位。水面波纹要自然放松，掌握技巧，宁少勿多。

　　甪直古镇，训练时注意两岸砖石台阶的表达，屋顶瓦的表现方式，人物简略概括，一只独木舟表达意境。

四、现场训练

周庄古镇。

整体为一点透视构图，中间房屋和桥为画面重心，重点深化屋顶和立面层次，水纹和木船为构图点睛之笔。

五、课下临摹训练

按照上面讲述内容，理解并临摹以下作品两遍。

乌镇写生，建筑物倒影与水纹的结合表现，树木的近实远虚，建筑层层叠叠，屋檐处表达明确。

西递街巷，建筑物的体块变化，错落有致，屋檐深化，沿街商铺的氛围表达，货品堆放，人员穿梭。

乌镇水巷，画面中心桥训练、建筑用线条深化，注意水纹的扩散特征。

西递街巷，训练不同方向的马头墙的透视感，短线排列表达暗面，砖石块的表现。

第  讲　欧洲古典建筑写生训练

一、训练目标

【了解】欧洲古典建筑的造型特点。

【掌握】欧洲古典建筑的手绘要素及表达重点。

掌握欧式建筑的造型特点、立面特征和装饰细节造型元素，需要经过一定的训练。

二、训练要点

屋顶：穹顶和环形柱廊。

屋檐：线脚和女儿墙。

立面：壁柱，柱头，券洞口，线脚，门窗格和装饰纹样。

首层：入口与花池景观融合。

环境与配景：汽车，人物，树木和道路。

一点透视欧式广场，建筑体块不复杂，立面大量的装饰细节，主要是壁柱、线脚和洞口装饰等，要符合透视关系表达出来。

穹顶和大门表现，大量的线脚，装饰细节不多。

三、训练技巧

　　所有竖线竖直，横线始终遵循透视感，相同的开间大量重复性的元素符合近大远小原则。对于壁柱、装饰线脚等各类构件，要手感熟练，快速的表达，环境配景熟记，根据需求移植。

　　建筑立面细节训练，壁柱、装饰线脚等各类构件重复出现，在理解构造特征后不断训练手感，画面中汽车配景适当缩小移位。

四、现场训练

欧洲古典建筑训练。

训练步骤：1. 构图，对穹顶、圆形柱廊、建筑裙房等体块按照比例和透视规则构图，景观树木预留位置；
2. 对各个部位细节深化，能反映欧式建筑特征的壁柱、线脚、门窗细节，墙面装饰等深化到位；
3. 树木、车辆、人物、地面等环境内容逐一完善。

五、课下临摹训练

　　按照上面讲述内容，理解并临摹以下作品两遍。

澳门大三巴牌坊，主体建筑细节深化分三步：轮廓构图、壁柱洞口和装饰图案，最后完善大台阶基座和周围的环境。

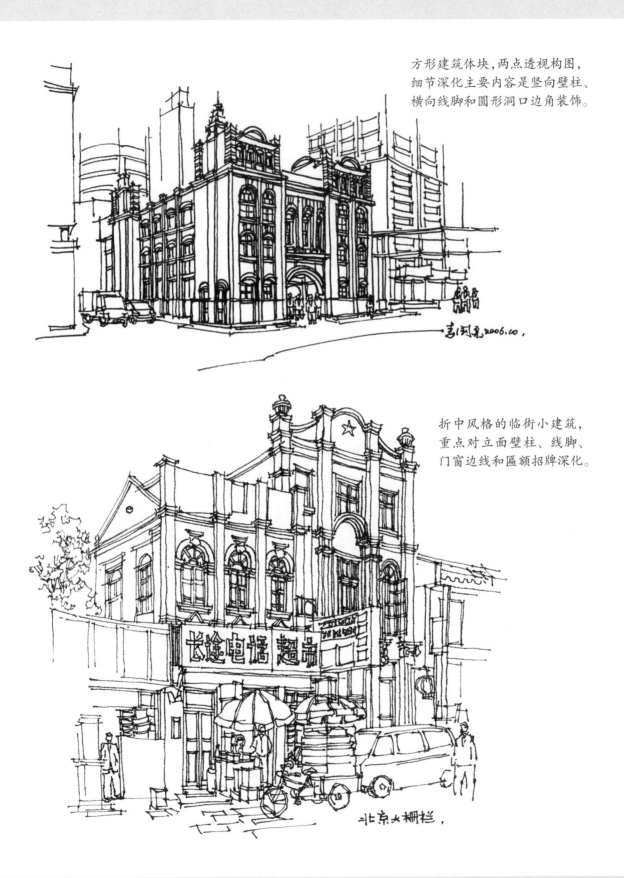

方形建筑体块，两点透视构图，
细节深化主要内容是竖向壁柱、
横向线脚和圆形洞口边角装饰。

折中风格的临街小建筑，
重点对立面壁柱、线脚、
门窗边线和匾额招牌深化。

长途电话 超市

北京大栅栏，

第21讲 欧洲小城写生训练

扫二维码
观看免费课程

一、训练目标

【了解】欧洲小城空间特点，小尺度建筑序列组合。

【掌握】欧洲小城街道建筑及其组合的手绘要素及表达重点。

按照照片中街道和各个单体尺度比例构图，重点对屋顶和立面洞口细节深化。

二、训练要点

屋顶：坡顶，老虎窗和尖顶等几何化造型。

屋檐：线脚和女儿墙。

立面：壁柱，洞口装饰线脚，门窗格和装饰线条纹样。

首层：入口与花池景观融合。

环境与配景：汽车，人物，树木和道路。

欧洲小镇的街道，小房子形体简洁，装饰细节繁多，特别是屋顶上一排排突出的装饰物，耐心画完效果就会出来。

迪斯尼城堡速写，最大特点是高耸的屋顶，各个小尖圆顶向上的动势是表达的重点。

构图重点是中间教堂的两个尖顶塔，深化时对塔身的线脚和装饰细节重点表达，笔墨多于周围其他
建筑物。

三、训练技巧

　　所有竖线竖直，横线始终遵循透视感，多个消失点。相同的开间大量重复性的元素符合近大远小原则。对于壁柱、装饰线脚等各类构件，要手感熟练，快速的表达，环境配景熟记，根据需求移植。

坡顶小房子和老虎窗是画面重点，整体为线描风格，远处的高大建筑物省略。

四、现场训练

德国纽伦堡小城写生训练。

德国纽伦堡小城，建筑构图以中间两栋带老虎窗的建筑为核心，构图完成后重点对建筑立面门窗和装饰线条表达，右侧城墙与地面环境适当深化。

五、课下临摹训练

按照上面讲述内容,理解并临摹以下作品两遍。

本图重点对后排建筑主入口和立面窗口深化,树木环境环绕建筑。

某大门速写,造型简单,立面装饰细节较多,对局部洞口适当加深形成层次感。

第**22**讲 中国古建筑写生训练

一、训练目标

【了解】中国古建筑的造型特点。

【掌握】中国古建筑的手绘要素及表达重点。

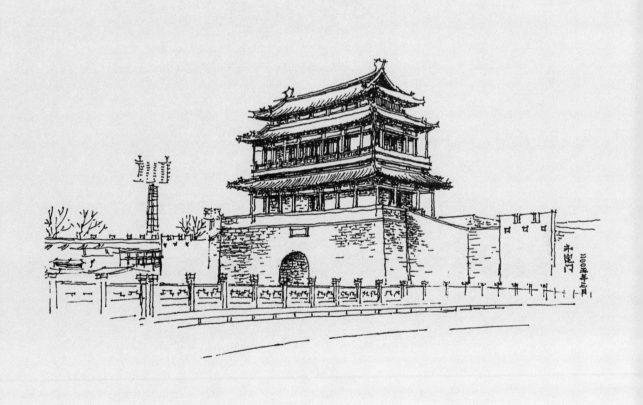

永定门城楼（重建），城楼为表达重点，屋顶、屋檐、檐下装饰细节和立面柱廊等部位重点表达，需要了解清楚建筑构造。

二、训练要点

屋顶：坡顶，屋脊，顺水线和吻兽。

屋檐：瓦当，滴水，椽檩和斗拱。

立面：额枋，雀替，彩画，柱廊，门窗棂格和栏杆。

首层：城台洞口，砖石缝和大殿台阶。

环境与配景：护城河，金水桥，树木，道路和铺地。

北京雍和宫，本幅图表达重点是屋檐及檐下斗拱、额枋彩画和立面窗棂格等细节表达。

故宫午门，屋檐下立面为深化重点，斗拱、额枋、柱子和门窗分层深化，城墙留白，河道表达仍有轻重。

三、训练技巧

　　屋顶曲线，瓦线曲线，城台城墙直线要符合透视。相同的开间大量重复性的元素（瓦当、椽檩、斗拱等）符合近大远小原则。对于额枋，雀替、门窗棂格等各类构件，要手感熟练，快速的表达。屋檐下构件、砖石缝深化是形成画面层次的重要方法。

北京故宫神武门，城楼立面为重点，每层檐下和柱廊深化出层次，城墙概括，护城河水面表达倒影。

四、现场训练

北京正阳门写生训练。

北京正阳门写生训练，按照构图、深化立面和完善环境的步骤方法。对三层屋檐及檐下斗拱、额枋、柱栏及装饰构造逐步深化，达到层次深化的目的。

五、课下临摹训练

　　按照上面讲述内容，理解并临摹以下作品两遍。

北京鼓楼大街，重点对城楼做深化表现，两侧的商业街做第二层次深化，环境配景辅助表达。

北京明城墙东南角楼，重点对城楼屋檐和墙面洞口做深化，适当表现阴影暗面，近景树木移位表达，来衬托古朴的人文环境。

北京香山碧云寺，大门牌楼重点深化,远处金刚宝座塔概括表达,树木环绕两侧。

第23讲 中国老商业街写生训练

一、训练目标

【了解】传统老商业街的空间及建筑造型特点。

【熟悉】现代老商业街的空间特点及氛围。

【掌握】老商业街的手绘要素及表达重点。

鼓楼商街，商业门脸的瓦檐和门窗框是深化的重点，群组车辆的透视表达。

二、训练要点

　　街面序列：一间间商铺店面，体量不同和形式各异。

　　建筑形式：中式风格，西式和折中立面。

　　装饰细节：屋檐，门头，壁柱，门窗棂格，栏杆和装饰图案。

　　设施物件：牌匾，招牌和货架。

　　环境配景：人物，路灯，花池，树木，道路和铺地。

　　北京大栅栏商业街，大小店面商铺统一在中式元素的建筑立面中，门窗分格装饰纹样重点表达，熙熙攘攘人群是重要的配景内容。

香港旺角商业街，建筑物立面窗口、门店招牌体块、店面杂物和马路铺装拼缝等所有元素简化为简单的几何形体，按照一点透视规律，有秩序的组装在图面中，再摆放一大群人物，形成杂乱而有秩序的画面。

三、训练技巧

建筑和所有结构配件和设施等全部视同为方盒子，按照透视关系组合在一起，重点表达建筑的商业氛围，建筑装饰元素衬托文化底蕴。环境设施要符合画面主题，可以省略部分内容，不同的建筑形式在同一画面出现，表现手法要统一，画面重点为中间几个店铺，其他简化处理。

北京大栅栏商业街，一点透视空间，近处重点建筑深化立面窗格，配上招牌和电线，画面丰富自然。

香港太古地区商铺，一点透视构图，店面整体作为骨架，填充商品内容作为深化层次的方法手段，人物和地面作为补充。

四、现场训练

北京前门商业街写生训练。

北京前门商业街，按照构图、深化立面和完善环境的方法完成手绘，重点训练中西不同风格的元素体现、表达方法，掌握深化细节和加深层次的方式。

五、课下临摹训练

按照上面讲述内容，理解并临摹以下作品两遍。

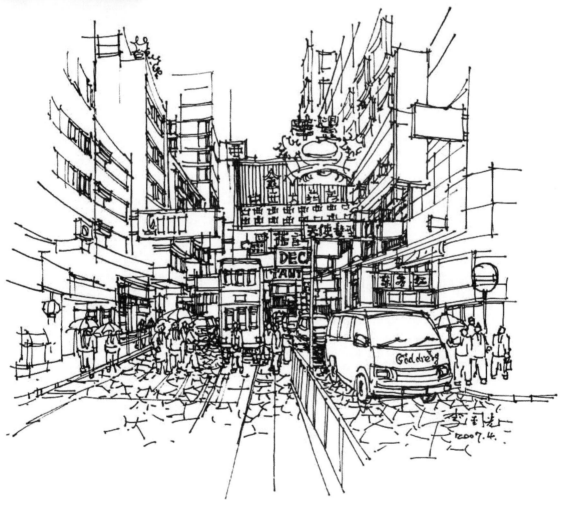

香港旺角商业街，梳理简化杂乱的画面，提取重点要素的线条，按照一点透视规律有次序画出，宁少勿多、宁专勿杂的原则一步步叠加，坚持到最后就会形成丰满有秩序的画面。

香港中环商铺，两点透视构图，店面整体作为骨架，填充商品内容作为深化层次的方法手段，商品简化为小体块，或排放，或叠加。

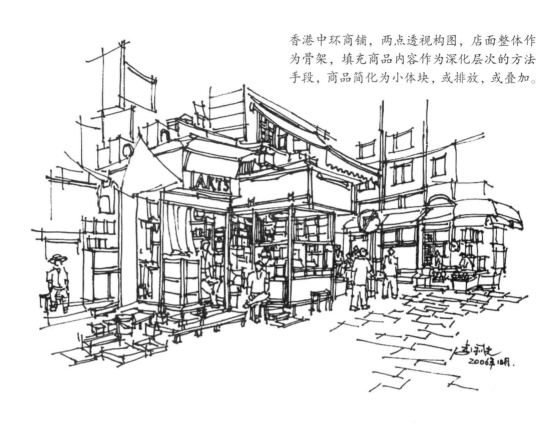

香港赤柱商铺，商铺店面、遮雨篷、遮阳伞、广告牌、商品和人物等所有要素通过熟练的线条组织在一起，画面完整有序。

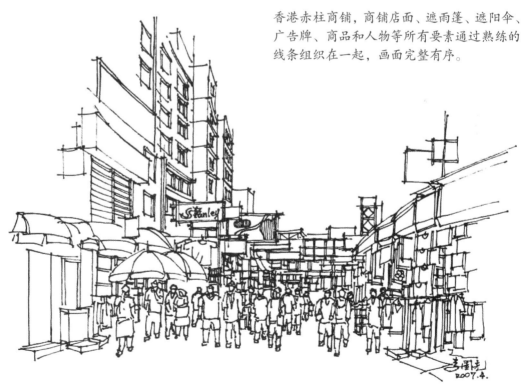

第24讲 古镇鸟瞰写生训练

一、训练目标

【**了解**】古镇鸟瞰图的空间特点。

【**学会**】鸟瞰图的空间体块简化的方法。

【**掌握**】古镇鸟瞰图的手绘要素及表达重点。

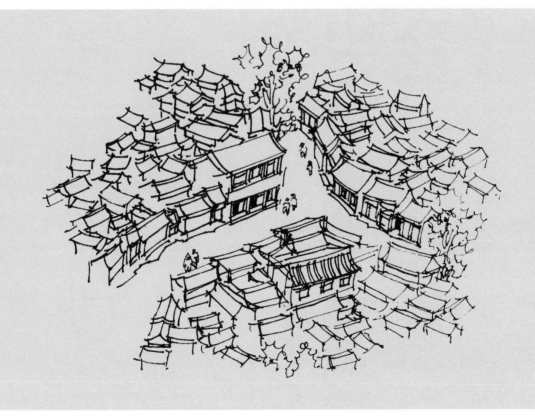

北方古镇鸟瞰表现，异形的胡同串联起一组组房屋，重点表现坡顶，方向不一但井然有序，建筑体块的线条提炼比较重要。

二、训练要点

构图序列：一间间坡顶房屋，体量透视各不同，围绕街道或河流而建。

画面取舍：从中间重点房屋逐步向周围房屋简化，根据画面需求增减体块。

建筑细节：屋顶瓦线，立柱，门窗棂格，栏杆和马头墙。

设施物件：牌匾，招牌，灯笼和座椅。

环境配景：人物，树木，远山，石阶铺地，水面和小船。

乌镇水巷鸟瞰训练，河道两旁的坡顶有秩序排列，交错搭接，近处重点深化，水面较大，水纹表现是重点，要细腻自然。

三、训练技巧

　　建筑全部视同为坡顶盒子，按照透视关系组合在一起，重点表达古镇的沧桑氛围，建筑装饰元素衬托文化底蕴。前景和背景利用植物衔接，前景开敞，背景有过渡留下想象空间，屋顶所占画面较多，注意深化及层次。

　　皖南古村鸟瞰图，错落有致的屋顶为表现重点，线条不求太直，但大的透视关系要正确，选取中间重点屋面深化，周围树木远山分层次衬托。

四、现场训练

婺源李坑村鸟瞰写生训练。

婺源李坑村鸟瞰，训练中构图最难，把各个建筑体块简化，找准透视关系，构图完成后再深化立面，屋顶是重点，近处小楼室内氛围可通过人物活动塑造，这样也能体现层次关系。

五、课下临摹训练

按照上面讲述内容，理解并临摹以下作品两遍。

安昌古镇鸟瞰，水系串联两侧的建筑，房屋透视关系顺应河道，坡顶、柱廊和内侧的物件摆设都是深化的重点。

渔梁古镇鸟瞰，首先要对建筑体块的组合有个整体判断，以近处的、较大的和明显的建筑作为尺度判断的标志，先画出这些标志建筑，再填充其他建筑，构图完成再深化层次，完善环境背景。

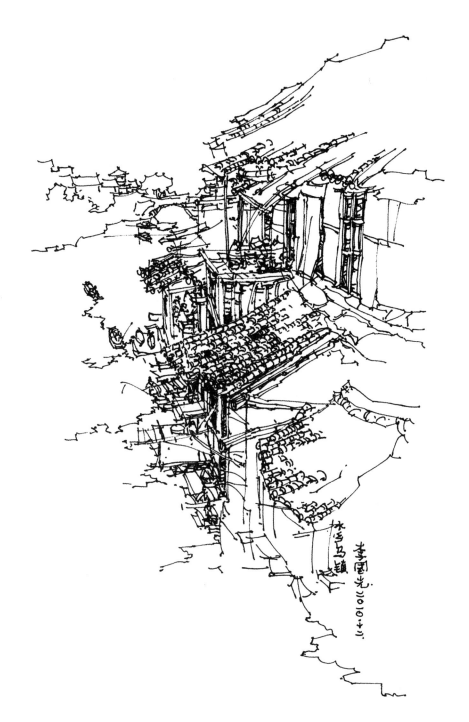

乌镇鸟瞰，建筑局部写意表达，对中间的屋顶深化表达，向周围逐步简略，远景房屋和桥拉开了画面空间，几个零散的小船对画面起到点睛作用。

第25讲 城市鸟瞰写生训练

一、训练目标

【了解】城市鸟瞰图的空间特点。

【学会】城市鸟瞰图的空间体块简化的方法。

【掌握】城市鸟瞰图的手绘要素及表达重点。

香港青马大桥，画面重点表达近处的城区房屋，坡顶小房子一组组摆放好，中影为大桥，远景为远山和楼房，非常简略，桥下水面和船只用几笔概括。

二、训练要点

构图序列：近景区，远景区和连接过渡区的控制。

画面取舍：从中间重点建筑体块逐步向周围简化，远景体块写意。

建筑深化：建筑立面肌理细化，建筑楼顶和背光面。

配套设施：海湾边界，港口平台和工程设备。

环境配景：树木，远山，水面和船只。

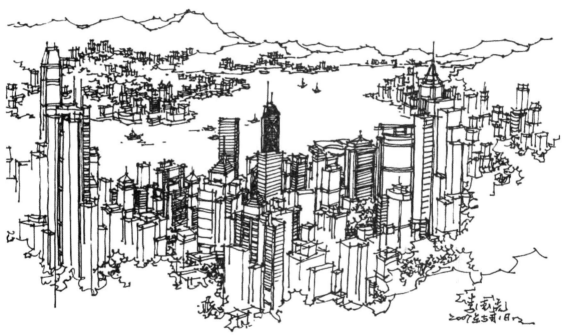

香港岛中心城区鸟瞰，以中国银行大厦为中心，左侧世贸二期（最高楼）和右侧中环广场大厦（尖顶楼）为副中心，以这三个标志物按照比例进行画面划分，定位后再对其他建筑物定位构图，每个建筑物都是一个矩形体块，整体构图完成是一项非常艰巨的任务。重点建筑深化相对比较轻松，远景山体和建筑非常概括，维多利亚湾边线曲折自然，几个船只飘荡体现意境。

三、训练技巧

　　建筑全部视同为方块盒子，按照透视关系组合在一起，重点表达城市的现代繁荣，建筑高大鳞次栉比，线条挺实。前景利用植物衔接，背景利用山体和树木控制层次，重点建筑比例和透视准确，其他体块讲究整体美感。

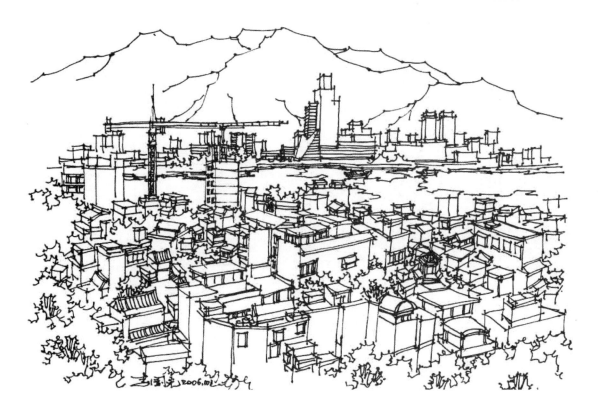

　　澳门城区乌瞰，遇到杂乱的建筑群，先要释放压力，不管其他，先把画面的左中右和前后几个位置的重点建筑定位，再继续定位其他次要建筑，最后完善海湾对岸建筑和山体。

四、现场训练

香港城市鸟瞰训练。

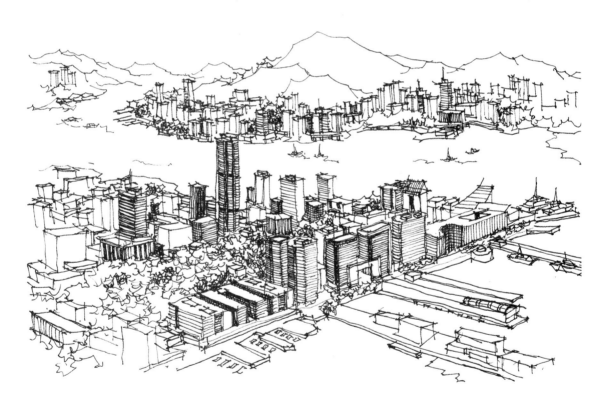

香港城市鸟瞰训练，严格按照构图、深化和配景三个大步骤推进，重点深化城市公园周围的建筑体块，远景山体和建筑对构图非常重要，适当深化，水面船只最后补充。

五、课下临摹训练

　　按照上面讲述内容，理解并临摹以下作品两遍。

　　香港湾仔城区鸟瞰，以左侧圆柱形建筑和右侧中环广场大厦（尖顶）为构图标志，按照比例分割画面区域，细化建筑体块，深化重点单体，远景建筑和山体丰富画面层次。

　　香港某古典建筑鸟瞰，注意造型和透视，重点对建筑屋顶和立面深化，树木环绕，远处建筑体块作为陪衬。

后 记
Afterword

只要潜心研究，持续投入训练，很快手绘水平将获得飞速提升。在手绘训练过程中，如果能结合建筑空间设计、建筑造型设计、建筑细节设计、建筑环境设计的研究，我相信建筑钢笔手绘的精髓和内涵将会得到无限的拓展和升华，为你的建筑师、设计师创作之路打造一双有力的翅膀，勃发前行，目标深远。

在本书的编写过程中，得到了如下单位建筑师、规划师的大力支持与帮助，对此表示衷心感谢：

北京市建筑设计研究院	胡春晖　张　蕾
中国建筑设计研究院	宋　焱
中国建筑科学研究院	吕　勇　韩小宝
中国航空规划建筑设计研究总院	褚童洲　邹金江　刘浩川　范彦波
中国中元国际工程有限公司	郭惠君
中国电子工程设计院	王轶涛　高　鹏
北京城建设计研究总院	房　明　王　未
北京外交人员服务局	高　尚
北京泛华集团	蒋依凡
香港和记黄埔地产公司	刘欣彦
万达商业地产公司	任　睿
中国宏泰地产公司	白　宇
北京鑫苑置业公司	张　聪
意大利米兰理工大学建筑学院	陈　蓁　谭　竹
北京联合大学师范学院	于　峰
浙江工业大学之江学院	曹志奎
沈阳化工大学艺术学院	刘　洋
济南市规划局	郝　鹏
义乌市规划局	吴浩军
北京至之空间建筑工作室	李　磊　曹　璞

同时北京工业大学李艾芳教授、全惠民教授为本书内容编排提供建议，筑龙教育宋锟先生与郑睿女士、中国电力出版社梁瑶、胡堂亮编辑为本书的策划出版付出了努力，在此一并表示感谢。

编著者

参考文献

[1] 刘远智. 刘远智建筑速写. 北京：中国建筑工业出版社，1995.

[2] 何镇强. 现代建筑画选4 何镇强建筑画技法. 天津：天津科学技术出版社，1987.

[3] 钟训正. 建筑画环境表现与技法. 北京：中国建筑工业出版社，1985.

[4] 彭一刚. 建筑绘画及表现图. 北京：中国建筑工业出版社，1987.

[5] 齐康. 现代建筑画选8 齐康钢笔画. 天津：天津科学技术出版社，1990.

[6] 何镇强. 建筑速写与表现技法. 哈尔滨：黑龙江科学技术出版社，2002.

[7] 天津大学建筑系. 现代建筑画选1 美国钢笔建筑表现图. 天津：天津科学技术出版社，1986.

[8] 孙彤宇. 建筑徒手表达（中国高等院校建筑学科系列教材）. 上海：上海人民美术出版社，2012.

[9] 曹迅. 建筑速写. 沈阳：辽宁美术出版社，1995.

[10] 段渊古. 钢笔画：园林景观美术精学精练系列教材. 北京：中国林业出版社，2007.

[11] 荆其敏，张丽安. 马克笔建筑草图技法——建筑画2. 北京：中国电力出版社，2006.

[12] 吕金铎. 钢笔画基础. 北京：机械工业出版社，2007.

[13] 曾琼. 钢笔画技法. 上海：上海人民美术出版社，2007.

[14] 赵喜伦. 钢笔徒手画技巧. 北京：中国电力出版社，2007.

[15] 柴海利. 最新国外建筑钢笔画技法. 南京：江苏美术出版社，2004.

[16] 夏克梁. 建筑画——麦克笔表现. 南京：东南大学出版社，2004.

[17] 许祥华. 建筑宽笔表现. 上海：同济大学出版社，2006.

[18] 吴贵凉. 建筑钢笔画写生技法——科学认知与绘画速成丛书. 成都：西南交通大学出版社，2005.

[19] 李长胜. 快速徒手建筑画. 福州：福建科学技术出版社，2003.

[20] 马纯立. 钢笔建筑速写技法与应用. 北京：中国建材工业出版社，2004.

[21] 胡振宇，林晓东. 建筑学快题设计. 南京：江苏科学技术出版社，2007.

[22] 孙科峰，王轩远，张天臻. 建筑设计快题与表现. 北京：中国建筑工业出版社，2005.